北部湾广西海陆交错带
地貌格局与演变及其驱动机制

黎广钊　梁文　王欣　刘涛　农华琼　等　著

海洋出版社

2017 年 · 北京

图书在版编目（CIP）数据

北部湾广西海陆交错带地貌格局与演变及其驱动机制/黎广钊等著. —北京：海洋出版社，2017.8

ISBN 978-7-5027-9906-9

Ⅰ.①北…　Ⅱ.①黎…　Ⅲ.①海岸带–海岸地貌–研究–广西　Ⅳ.①P737.172

中国版本图书馆 CIP 数据核字（2017）第 204835 号

责任编辑：朱　林　王　倩
责任印制：赵麟苏

海洋出版社　出版发行

http://www.oceanpress.com.cn

北京市海淀区大慧寺路 8 号　邮编：100081
北京朝阳印刷厂有限责任公司印刷　新华书店北京发行所经销
2017 年 8 月第 1 版　2017 年 8 月第 1 次印刷
开本：787 mm×1092 mm　1/16　印张：15
字数：320 千字　定价：98.00 元
发行部：62132549　邮购部：68038093　总编室：62114335
海洋版图书印、装错误可随时退换

前　言

海陆交错带地貌类型无论其规模大小、形态如何，其形成和发育演化均要受到内力和外力的共同作用。人类在长期的生产活动过程中，不断地利用自然、改造自然，对海陆交错带地貌演化的影响较为深刻。研究地貌格局对深入分析地貌成因、地貌演化、地貌利用、生态修复、环境保护等具有重要意义，而且地貌类型及其分布格局可作为研究活动构造及评估地震危险性的标志（韩恒悦等，2001；程维明等，2009）。自实施《广西北部湾经济区发展规划》以来，广西北部湾经济区开放开发正式上升为国家发展战略，北部湾经济区迈入了跨跃式发展时代。随着实施北部湾经济区开发战略的不断深入，北部湾地区工业化和城市化速度加快，尤其是海陆交错带区域的临海工业、港口码头、仓储、滨海旅游、城镇化、海水养殖等迅速发展，使环境发生巨大的变化，资源与环境问题突出，环境的承载压力将越来越大。同时，海陆交错带地貌所反映的基本特征和地貌类型分布格局，是在内、外营力因素的综合作用下长期发展演化的结果。针对广西北部湾经济区社会经济可持续发展所面临的海岸、河口、海湾自然地貌受到改造或破坏，海湾面积缩小、港口航道淤积、自然地貌为人工地貌所代替，从而导致生态环境恶化、海陆交错带滨海湿地减少、海岸侵蚀等科学问题。因此，2011年8月，由广西科学院组织牵头，联合广西师范大学、广西师范学院、广西红树林研究中心共同提出"广西北部湾经济区海陆交错带环境与生态演变过程及适应性调控"项目，广西科技厅于2012年4月，以合同形式下达广西自然科学基金重大资助项目："广西北部湾经济区海陆交错带环境与生态演变过程及适应性调控（2012GXNSFEA0533001）"。该项目包括：（1）广西海陆交错带现代海岸环境演化机制及稳定性维持；（2）污染时空变化动力过程及控制预测；（3）典型生态系统退化机制及适应性调控等3个专题研究。广西红树林研究中心承担该项目"广西海陆交错带现代海岸环境演化机制及稳定性维持"专题中的子课题"海陆交错带现代地貌格局与海岸变化的形成过程及其驱动机制"。

经过广西红树林研究中心课题组成员4年多的外业现场调查和内业分析，深入研究了海陆交错带现代地貌类型、空间分布格局，揭示海陆交错带的地貌形态特征、成因类型、分布规律，分析了较大规模围海造地工程现状及其对海岸自然地貌演变的影响，探讨了海陆交错带海岸线变化及滨海湿地变化过程，并厘清了现代海岸变化的驱动机制。本书的研究成果将为广西海陆交错地带中的港口交通、临海工业、城镇化、滨海旅游建设，海域海岛管理与整治修复、生态保护等海洋经济建设及可持续发展提供基础资料和科学依据。

本书的研究成果既有作者多年的工作积累，又有近年最新的研究成果，全书共分7章。第1章，自然环境概况（黎广钊执笔）；第2章，海陆交错带地貌类型及其空间分布格局（黎广钊主笔，梁文、王欣、刘涛、农华琼参与撰写及图件绘制）；第3章，海岛地貌类型及其空间分布格局（黎广钊主笔，梁文、王欣、刘涛、农华琼参与撰写及图件绘制）；第4章，海陆交错带海岸线变迁及滨海湿地变化过程（梁文执笔，黎广钊、胡自宁、农华琼参与撰写）；第5章，海陆交错带围填海活动对海岸地貌演变影响分析（黎广钊主笔，陶艳成、王欣参与撰写及图件绘制）；第6章，现代海岸变化的驱动机制（黎广钊主笔，刘涛、梁文参与撰写）；第7章，主要结论和建议（黎广钊执笔）。

本书的研究成果得到以下基金项目的资助：广西自然科学基金重大资助项目"广西北部湾经济区海陆交错带环境与生态演变过程及适应性调控"（2012GXNSFEA053001）；国家自然科学基金项目"广西沿岸沙坝—潟湖形成演化与开发整治"（49766013）；广西自然科学基金项目（桂科自0007009）；广西908专项"广西海岸带综合调查（GX908-01-03）"子课题之一"广西地貌与第四纪地质调查"；"广西海岛保护与开发利用研究及其管理对策"；"广西海岸侵蚀现状调查及防治对策"项目。特此，表示十分感谢！

同时，本书的研究成果得到了广西科技厅、广西海洋局、广西科学院、国家海洋局第一海洋研究所、广西师范大学、广西师范学院等部门和单位的支持和帮助。陶艳成、刘文爱、邱广龙、李森等参加了部分外业现场调查、室内分析、资料收集整理工作，卢进林、陶艳成参加了部分图件绘制等工作。谨此，一并表示诚挚的感谢！

由于作者学识浅薄，本书的纰漏和不足之处在所难免，敬请同仁不吝指正。

黎广钊

2016 年 6 月

目　次

第1章　自然环境概况

1.1　海陆交错带地形地势

广西海陆交错带地处我国大陆 18 000 km 海岸线的最西南端，东起与广东廉江市高桥镇接壤的洗米河口，西至中越边界的北仑河口，蜿蜒曲折，岸线长 1 628.6 km（范航清等，2015）分属于北海市、钦州市、防城港市。陆上地区总的地势西北高，东南低，最高海拔是西部江平镇北部的平头顶，其海拔高度 196.0 m，其次为茅岭江西北部的三角大岭，海拔高度 194.8 m。大体上以大风江为界，东、西两部具有不同的地形地貌特征，东部主要是古洪积-冲积平原，其次为三角洲平原，地势平缓；西部主要是侵蚀剥蚀台地，地势起伏不平，局部为三角洲平原和海积平原。

1.2　沿岸水系分布

注入北部湾近岸浅海的中小型河流有 120 余条，其中 95% 为间歇性的季节性小河流，常年性的主要河流有南流江、钦江、大风江、茅岭江、防城河、北仑河等 6 条（范航清等，2015）。各条主要河流的年径流量和年输沙量如表 1-1 所示。

南流江发源于广西玉林市大容山，在合浦县总江口下游分 4 条支流呈网状河流入海，河长 287 km，集水面积 6 645 km^2，南流江多年年平均径流量为 50.81×10^8 m^3，多年年平均输沙量为 61.40×10^4 t。

钦江发源于灵山县罗阳山，于钦州西南部尖山镇沙井岛东西两岸呈网状河流注入茅尾海东北部，河长 179 km，集水面积 1 400 km^2，多年年平均径流量为 10.56×10^8 m^3，多年年平均输沙量为 17.30×10^4 t。

大风江发源于广西灵山县伯劳乡万利村，于犀牛脚炮台角入海，河长 121 km，集水面积为 613 km^2，多年年平均径流量为 5.61×10^8 m^3。

茅岭江发源于灵山县的罗岭，由北向南流经钦州境内于防城港市茅岭镇东南侧流入茅尾海西北部，河长 100 km，集水面积 1 826 km^2，多年年平均径流量为 14.12×10^8 m^3。

防城河发源于上思县十万大山附近，河长 107 km，流域面积 441 km^2，多年年平均径流量为 9.16×10^8 m^3，于防城港渔沥岛北端分为东、西两支，分别流入防城湾东湾和西湾。

北仑河发源于东兴市峒中镇捕老山东侧，自西北向东南流经东兴至竹山附近注入北部湾北部北仑河口湾，河长 185 km，集水面积 787 km²（部分面积在国界线以外），目前还没有开展径流量监测，没有统计数据。

表 1-1　广西沿海各水文站 2000—2014 年多年平均统计资料表

河流名称	水文站	长度/km	集水面积/km²	年径流量/10⁸ m³	年输沙量/10⁴ t
南流江	常乐站	287	6 645	50.81	61.40
钦江	陆屋	179	1 400	10.56	17.30
大风江	坡朗坪	121	613	5.61	无泥沙监测资料
茅岭江	黄屋屯	100	1 826	14.12	无泥沙监测资料
防城河	长岐	107	441	9.16	无泥沙监测资料
北仑河	东兴站	185	787	目前还没有开展径流量和输沙量监测	

注：广西沿海地区入海河流仅南流江、钦江有泥沙监测资料，大风江、茅岭江、防城河仅有径流量监测资料，北仑河东兴站目前还没有开展径流量和输沙量监测。

1.3　气候概况

广西沿海地区位于北回归线以南，属亚热带季风气候区，受大气环流和海岸地形的共同影响，形成了典型的亚热带海洋性季风气候。其主要特点是夏季高温多雨、冬季温和少雨、夏长冬短、季风盛行。

1.3.1　气温

广西沿海地区各市所处的地理位置不同，从沿岸东部至西部依次为北海市、钦州市、防城港市。

根据北海市气象局 1989—2013 年 25 年气象观测资料统计分析，其结果表明历年平均气温为 23.0℃；历年年极端最高气温为 37.1℃（出现在 1990 年 8 月 23 日）；历年年极端最低气温为 2.6℃（出现在 2002 年 12 月 27 日）；历年最热月为 7 月，平均气温为 28.7℃；历年年最冷月为 1 月，平均气温为 14.3℃。

根据钦州市气象局 1953—2013 年 61 年气象观测资料统计分析，其结果表明历年年平均气温为 22.1℃，历年月平均最高气温为 26.1℃，月平均最低气温为 19.2℃。最热月为 7 月，平均气温为 28.3℃，平均最高气温为 31.9℃；极端最高气温为 37.5℃（出现在 1963 年 7 月 16 日）；最冷月为 1 月，平均气温为 13.4℃；平均最低气温为 10.3℃；极端最低气温为-1.8℃（出现在 1956 年 1 月 13 日）。

根据防城港气象局 1994—2013 年 20 年气象观测资料统计分析，其结果表明历年年平均气温为 23.0℃；最热月为 7 月，平均气温为 29.0℃；最冷月为 1 月，平均气温为 14.7℃。历年极端最高气温为 37.7℃（出现在 1998 年 7 月 24 日）；极端最低气温为

1.2℃（出现在 1994 年 12 月 29 日）。

1.3.2　风况

广西沿岸为季风区，冬季盛行东北风、夏季盛行南或西南风，春季是东北季风向西南季风过渡时期，秋季则是西南风向东北风过渡的季节。

北海市常风向为 N 向，频率为 22.1%；次风向为 ESE 向，频率为 10.8%；强风向为 SE 向，实测最大风速 30 m/s。该地区风向季节变化显著，冬季盛吹北风，夏季盛吹偏南风。据统计，风速≥17 m/s（8 级以上）的大风天数，历年最多 25 d，最少 3 d，平均 11.8 d。

钦州市沿海地区位于钦州湾沿岸，其平均风速大小处在不同区域具有明显差异，湾中部龙门居首，平均风速为 3.9 m/s，湾东岸犀牛脚次之，平均风速为 3.0 m/s，钦州市区最小，平均风速为 2.7 m/s，历年最大风速为 29 m/s。钦州市常风向为北向风（N），频率为 22.0%，强风向为南向风（S），频率为 13.0%。钦州市地区风速≥17 m/s（8 级以上）的大风天数，历年年均为 5.1 d，最多为 9.0 d，明显少于北海地区的平均 11.8 d。

防城港市历年年平均风速为 3.1 m/s，历年月平均最大风速出现在 12 月，为 3.9 m/s，其次为 1 月和 2 月，为 3.7 m/s；最小风速出现在 8 月，为 2.3 m/s。该区冬季风速比夏季风速大。防城港的常风向为 NNE，频率为 30.9%；次常风向为 SSW，频率为 8.5%；强风向为 E，频率为 4.7%。

1.3.3　降水

北海市雨量较为充沛，根据 1989—2013 年的统计资料，每年 5—9 月为雨季，占全年降水量的 78.7%，10 月至翌年 4 月为旱季，降水量较少，占全年降水量的 21.3%。历年年平均降水量为 1 751.0 mm，历年年最大降水量为 2 728.4 mm（出现在 2008 年）；历年年最小降水量为 1 109.2 mm（出现在 1992 年）。

钦州市地区降水量的季节变化较大，根据 1953—2013 年的统计资料，全年降水集中在 4—10 月，占全年降水量的 90%，而 6—8 月为降雨高峰期，这 3 个月占全年降水量的 57%。历年年平均降水量为 2 170.9 mm，历年年最大降水量 2 807.7 mm（出现在 1970 年），最小降水量为 1 255.2 m（出现在 1977 年）。

防城港市地区降水量较大，根据 1994—2013 年的统计资料，历年年平均降水量为 2 102.2 mm，历年年最大降水量 2 911.19 mm。大部分降水集中在 6—8 月，占全年平均降水量的 54%；1 月至 8 月雨量逐月增多，其中 8 月是高峰期，月雨量达 416.0 mm；9 月至 12 月雨量递减，其中，12 月雨量最少，月雨量仅 24.1 mm。防城港 24 小时最大降水量为 365.3 mm（出现在 2001 年 7 月 23 日）。

1.3.4 灾害性天气

广西沿海地区的灾害性天气较多，主要有台风（热带气旋）、强风和寒潮大风，低温阴雨等。沿海地区每年5—10月为台风季节，平均每年热带气旋影响2~3次，平均每5~8年有一次强台风危害，在强台风的严重影响下，较容易产生较大的风暴潮，给工、农业、海洋开发和安全带来威胁。强风和寒潮大风主要出现在9月至翌年4月，平均每月出现6~9 d，给海上渔业捕捞和运输安全带来影响。低温阴雨天气主要发生在每年2—3月，给种植业和海水养殖业带来危害。

1.4 水动力概况

1.4.1 潮汐

广西沿岸以全日潮为主，除铁山港和龙门港为非正规全日潮以外，其余均为正规全日潮，是一个典型的全日潮区，但每次大潮过后约有2~4 d为半日潮。全日潮在一年当中约占60%~70%。全日潮潮差一般大于半日潮潮差。广西沿岸潮差较大，各站最大潮差均大于4 m，平均潮差为2.30 m（表1-2）。铁山港潮差最大，历史记录最大潮差达6.41 m。

表1-2　广西沿岸各站潮差

验潮站	珍珠港	防城港	企沙镇	龙门港	北海港	铁山港	涠洲岛
平均潮差/m	2.28	2.12	1.96	2.55	2.49	2.53	2.30
最大潮差/m	5.00	4.17	4.24	5.49	5.36	6.41	5.37

1.4.2 潮流和余流

广西沿岸主要是浅海近岸区，除个别区域（如大风江口、涠洲岛及斜阳岛周边海域、珍珠港江平以南部分海域）之外，潮流的运动形式基本为往复流。根据广西沿海潮流实测资料及其调和分析结果，K_1分潮流椭圆长轴方向与地形密切相关，在河口和海湾，一般与岸线或港湾水道走向一致，主要为南北向；在浅海区则主要为东北—西南向。K_1分潮流的流速分布规律为近岸高于浅海，尤其以港口口门及潮汐通道附近的流速最大。流速一般为20~45 cm/s，最大流速出现在钦州湾口，流速可达73 cm/s，流速剖面分布特征一般为表层高于中底层，局部区域也会出现底层高于表层的情形。M_2分潮流椭圆长轴分布趋势与K_1分潮流基本一致，在河口及港湾区域，长轴方向几乎与岸线或潮流通道方向一致，主要为南北向，在浅海区则主要为东北—西南向。M_2分潮流的流速在浅海区一般为10.0~20.0 cm/s，在近岸港湾则为15~30 cm/s。

影响广西沿岸余流场分布的主要因素有风场、大陆径流、地形以及长周期波等。夏季广西近海盛行偏南风，广西近海主要形成 2 个涡旋系统，一个存在于白龙半岛至大风江口门外，余流流速一般为 5~30 cm/s，最大余流速度出现在防城港口门外。另一个在北海西村港至铁山港口门外，在近海区域外海水向岸流动，余流方向以西北向为主，在铁山港口门则为西南向，该逆时针余流系统流速较低，一般为 2~10 cm/s。除以上逆时针涡旋系统，涠洲岛海域余流主要为西向或西北向，余流流速约 15~25 cm/s。冬季广西沿岸主要发育一个大型逆时针涡旋系统。该系统控制涠洲岛以西的广大海域，外海高温高盐水沿着北部湾东侧向北流动，在广西近海受河流冲淡水影响而转向西南，形成半封闭的逆时针涡旋系统，余流流速一般为 10~20 cm/s。

1.4.3　波浪

广西沿岸波浪的季节性变化异常明显，冬季以东北和北东北浪为主，最高达当月的 43%。夏季西部主要为南向浪，东部则以南西南向浪为主，其中 7 月南西南向浪占当月的 40%。波浪中风浪与风速、风向关系最为密切，根据白龙尾和涠洲岛观测，风浪与风向一致，夏季盛行南向风浪。冬季偏北浪频率最大，涌浪只有偏南向。白龙尾站平均波高 0.5 m，最大波高 3.6 m，而涠洲岛平均波高同样为 0.5 m，但最大波高达 5.0 m；北海港平均波高和最大波高较小，分别为 0.3 m 和 2.0 m（表 1-3）。广西沿岸最大波高出现在东南向，其次为西南向波浪。

表 1-3　广西沿岸各月最大波高（单位：m）

站名	1 月	2 月	3 月	4 月	5 月	6 月	7 月	8 月	9 月	10 月	11 月	12 月	全年
涠洲岛	2.3	2.2	1.9	2.2	5.0	3.9	4.2	4.0	4.6	4.6	1.8	1.8	5.0
北海港	1.3	1.2	1.3	1.1	1.2	1.3	1.0	1.5	1.6	1.6	2.0	2.0	2.0
白龙尾	2.0	1.5	1.7	1.9	2.8	3.6	4.1	3.7	3.5	3.6	2.0	2.2	3.6

1.5　地质概况

1.5.1　地层

广西海岸带出露的地层从老到新有下古生界志留系，上古生界泥盆系、石炭系、二叠系，中生界侏罗系、白垩系和新生界第三系、第四系。总厚度 13 401~22 145 m。其中以志留系、第四系分布广泛，其他地层出露面积较小。

（1）志留系（S）

主要分布于海岸带的中部和西部，东部有零星出露，面积 1 803 km²，为一套地槽型复理石沉积，岩性以砂岩、细砂岩、粉砂岩、砂质泥岩、泥岩、页岩为主，厚度

6 923~10 295 m，盛产笔石化石。

（2）泥盆系（D）

分布于中部那丁、东部犁壁山—公馆—白沙一带，面积 216 km²。以合浦—清水江一带为界，分东部和中西部两个相区，中西部为槽盆相类复理石岩石，以砂岩、石英砂岩、砾质砂岩、泥岩为主的深-浅海相碎屑岩沉积建造，厚度大于 207 m；东部为台地相碎屑岩、碳酸盐岩，厚度 911~2 067 m。

（3）下石炭统（C₁）

仅见下统零星出露，分布于公馆西南一带，面积 16 km²。与上泥盆统呈整合接触，为浅海-滨海沼泽相碳酸盐岩和含煤砂页岩沉积，厚度 538~845 m。

（4）上二叠统（P₂）

发育不全，仅见上统，分布于西部垌尾一带，面积约 132 km²。为一套山麓相粗碎屑岩，厚度 892~2 830 m。与下伏泥盆系呈不整合接触。主要岩性有砾岩、砾质砂岩、砂岩、细砂岩、粉砂岩、粉砂质泥岩等。产植物化石和腕足类、瓣鳃类化石。

（5）侏罗系（J）

分布于中西部江平、防城、企沙、钦州和鸡墩头等地，面积 426 km²。为一套内陆湖泊相碎屑岩，主要岩性有石英质砾岩、石英砂岩、长英质砂岩、细砂岩、粉砂岩、泥岩、钙质泥岩页岩等。局部夹有炭质泥岩和煤线。厚度 249~1 247 m。产植物化石和瓣鳃类化石。与下伏地层呈不整合接触。

（6）上白垩系（K₂）

主要分布于东部白沙一带，另外在中部乌家、尖顶岭和石窟有零星出露，面积约 1 km²，为一套中酸性火山岩和陆相红色砂砾岩、砂岩，厚度大于 2 364 m。与下伏地层呈角度不整合接触。

（7）新近系（N）

新近系大部分被第四系地层覆盖，仅在合浦乌家以南、上洋以西、芋头塘至啄罗一带零星出露，面积约 1.2 km²。为湖泊相杂红色泥质粉砂岩和粉砂质泥岩，出露厚度 201 m。产介形虫和植物化石。

（8）第四系（Q）

分布于江平、钦州、合浦、北海、营盘、南康、沙田、新圩等地，面积约 2 100 km²。第四系主要为洪积-冲积相、冲积相、滨海相、三角洲相砂砾层、砂、砂质黏土层、黏土质砂层、黏土层和泥炭土层以及基性火山岩。厚度 34~800 m。分为更新统和全新统：更新统为砂砾层、砂层、砂质黏土层、黏土质砂层、黏土层和火山岩，厚度 25~773 m；全新统为砂层、砂砾层、砂质黏土层、黏土质砂层、黏土层和局部泥炭土，厚度 9~27 m。

1.5.2 岩浆岩

广西海岸带内岩浆岩不太发育，出露面积共 160 km²，岩浆活动时代有华力西晚期、燕山早期、燕山晚期和喜马拉雅期。分侵入岩和喷出岩两类。侵入岩分布于东部、中部和西部，面积约 82 km²，以酸性和中性为主，侵入下志留统、泥盆系、上二叠统和侏罗系中统；喷出岩分布于东部新圩一带，面积约 26.82 km²，基性岩均有。

1.5.3 地质构造

广西近岸大地构造位于华南褶皱系西南端，地质构造运动比较复杂，各次构造运动都有所表现。断裂构造发育，主要以东北、西北为主。东北向断裂为华夏构造体系，表现为压扭性，规模较大，动力变质明显，以中生代活动最为强烈，形成地堑式断裂系统；西北向断裂为张扭性构造，规模相对东北向较小，其他小构造也较为发育。沿岸岩浆活动自第三纪开始逐渐活跃，到第四纪表现为最强烈，主要发生在山口新圩一带。广西沿海地区的地貌明显受这种"X"型断裂构造的控制，海岸山脉基本沿东北或东北北方向延伸，海湾、半岛、岬角以及入海河流的走向多为东北、东北北方向或西北、西北北方向（庞衍军等，1987）。

广西近岸地区新构造活动可以划分为早更新世、中更新世、晚更新世和全新世等 4 个活动期，每个新构造活动期均表现各自的特点，但总的趋势以抬升为主。

早更新世，北部湾近岸地区在喜马拉雅运动的影响下活动强烈。北部湾坳陷继续下沉，形成一套厚达近百米的海陆过渡相沉积层（湛江组），此期间局部发生火山活动。六万大山隆起带内的龙门岛群、渔沥岛、珍珠港一带继续抬升受到剥蚀，形成该地区三级剥蚀台地。

中更新世，北部湾坳陷继续下降，初期发生石峁岭期火山活动，在涠洲岛、斜阳岛形成火山堆积，北流-合浦断裂带的继续活动使得差异升降加剧，合浦盆地内沉积了厚层的洪积-冲积物（北海组）。随后抬升影响全区，西部龙门群岛、渔沥岛及珍珠港一带继续上升，形成二级剥蚀台地，东部北海组也遭受侵蚀形成平缓的波状平原。

晚更新世，广西近岸地区仍然持续上升，在这个时期，涠洲岛、斜阳岛一带在石峁岭期火山喷发堆积之后，晚期火山开始活动，形成湖光岩组火山喷发堆积。渔沥岛、珍珠港一带晚更新世早、中期仍处于上升阶段，受到剥蚀，形成一级剥蚀台地，到晚更新世晚期开始接受海滩或滨海沼泽沉积。

全新世，从地壳变形、地震活动等现象判断，北部湾近岸地区新构造运动仍有活动，总的趋势是上升。但由于后期海平面上升的速度超过了构造上升的速度，从而发生海侵，使广西沿岸一带接受全新世海相或海陆过渡相沉积。

第2章 海陆交错带地貌类型及其空间分布格局

2.1 海陆交错带现代地貌成因类型划分

根据《海岸带调查技术规程》（国家海洋局 908 专项办公室，2005a）地貌与第四纪地质有关地貌类型划分的规定，结合广西海陆交错带地区的实际情况和前人对本区地貌类型划分的基础，将广西海陆交错带自海岸线向陆延伸 5 km 范围内的地貌成因类型划分为二级类有陆地地貌、人工地貌、潮间带地貌等三大类型，其中陆地地貌划分三级类的有侵蚀剥蚀地貌、流水地貌、构造地貌、重力地貌、海成地貌等 5 类。人工地貌的三级类与其二级类相同，亦为人工地貌 1 类，潮间带地貌划分三级类的有河口地貌、岩滩地貌、海滩地貌等 3 类。三级类之下再根据地貌成因的复杂性程度细分四级类地貌成因类型（表 2-1）。

表 2-1　广西海陆交错带地貌成因类型分类表（一级类为地貌，以下分二、三、四级类）

二级类	三级类	四级类	原代号	本报告代号
陆地地貌	侵蚀剥蚀地貌	三级侵蚀剥蚀台地 （地形海拔高度>50 m 至<200 m）	EDT_3	$F2_5^3$
		二级侵蚀剥蚀台地 （地形海拔高度 15~50 m）	EDT_2	$F2_5^2$
		一级侵蚀剥蚀台地 （地形海拔高度小于 15 m）	EDT1	$F2_5^1$
	流水地貌	古洪积-冲积平原	pl-al	Fl_5^p
		冲积平原	al	Fl_2
	构造地貌	熔岩台地	β_1	V2
		古火山口		
		活动断裂		
		地震断裂		
		温泉与地热		
	重力地貌	倒石堆		
	海成地貌	冲积-海积平原	al-m	Ml
		三角洲平原	dp	Fl_1
		海积平原	mp	Ml_2
		潟湖平原		Ml_1

二级类	三级类	四级类	原代号	本报告代号
人工地貌	人工地貌	盐田		Sa
		养殖场		Aq
		港口码头		Har
		海堤（海挡）		
		防潮闸		
		水库		
		防护林		
潮间带地貌	河口地貌	入海水道（河流）		
	岩滩地貌	海蚀阶地		$M2_2$
		古海蚀崖		
		海蚀崖		
		海蚀穴		
		礁石		
	海滩地貌	沿岸沙堤	bar	CL7a
		连岛沙坝		
		离岸沙坝		
		潟湖		
		潮汐通道		
		沙滩		
		水下沙堤（潮流沙脊）		

2.2 海陆交错带现代地貌成因类型空间分布格局基本特征

地球表面一切地貌类型不论其规模大小和形态如何，其形成和发展演化均要受到内力和外力的共同作用（程维明等，2009）。由于地貌营力组合的不同，造就了不同的地貌格局（王升忠，2007）。作为地貌学研究的重要内容之一，研究地貌格局对深入分析地貌成因、地貌演化、地貌利用、生态修复、环境保护等具有重要意义，而且地貌类型及其分布格局可作为研究活动构造及评估地震危险性的标志（韩恒悦等，2001）。根据广西海陆交错带现代地貌成因类型、空间分布特征的调查研究结果表明，广西海陆交错带陆域自海岸线向陆延伸 5 km 范围内的地形海拔高度均小于 200 m，地势呈西北高，东南低的特点，大体上以中部大风江为界，东、西两部具有不同的地形地貌特征。东部地区主要地貌类型是由第四系湛江组及北海组构成的古洪积–冲积平原，其地势平坦，微向南面海岸倾斜，在古洪积-冲积平原上有零星侵蚀剥蚀残留台地点缀其间，铁山港湾北部沿岸分布有基岩侵蚀剥蚀台地；其次是南流江河口三角洲平原；第三为海积平原，地势平缓；西部地区主要地貌类型是由下古生界志留系、上古生界泥盆系及中生界侏罗系砂岩、粉砂岩、泥岩构成的多级基岩侵蚀剥蚀台地；其次是钦江-茅岭江复合河口三角洲平原；第三是江平一带的海积平原，地势起伏不平。广西沿海地区，人工地貌突出，河口三角平原及海积平原已大面积开辟为海水养殖场。广西海岸带地貌类型的空间分布基本特征如图2-1所示。

从图2-1、表2-2中可以看出，广西海陆交错带地貌成因类型的空间分布具有如下特征：

①广西海陆交错带大风江以西地区主要大型地貌单元为侵蚀剥蚀台地，大风江以东地区主要大型地貌单元为古洪积-冲积平原。

②侵蚀剥蚀台地是海陆交错带分布最广，面积最大的地貌单元，广泛分布于西部江平地区北部、白龙半岛、防城江东西两岸、茅岭江下游的东西两岸、茅尾海东南部及西南部、企沙半岛、金鼓江和鹿茸环江两岸、大风江东西两岸、东部铁山港湾顶北部等地，呈东北—西南向展布，地势起伏漫延。侵蚀剥蚀地貌包括一、二、三级侵蚀剥蚀台地，总面积 1 492.68 km²（表2-2），占广西海陆交错带地貌总面积 3 302.63 km² 的45.20%。

③古洪积-冲积平原普遍分布于海陆交错带东部沙田—山口—白沙、闸口—石康—南康—营盘—北海、合浦西场、钦州犀牛脚等地，地势较为平缓，自北向南至海岸缓缓倾斜，总面积821.88 km²（表2-2），约占广西海陆交错带地貌总面积的24.89%，次于侵蚀剥蚀台地，为广西海陆交错带各类地貌成因类型分布面积的第二位。

④广西海陆交错带沿海地区的人工地貌突出，尤其是养殖场（养殖虾塘），呈不连续块状分布于东部丹兜海沿岸、铁山港沿岸、南康河口、白龙、西村港沿岸、大冠沙、周江两岸、合浦西场沿海地区，西部江平沿海地区、防城港湾西岸潭逢、沙潭江、钦江河口沿岸地带，钦州湾东岸大榄坪、犀牛脚沿岸，大风江西岸等地，总面积344.11 km²（表2-2），占广西海陆交错带地貌总面积的10.42%，为广西海陆交错带各类地貌成因类型分布面积的第三位。

⑤冲积平原、三角洲平原、海积平原在广西海陆交错带分布较广，面积也不小。其中，冲积平原，主要分布于广西沿岸中小河流的中上游和侵蚀剥蚀台地边缘低洼地带及冲沟，呈分散的条带状分布，总面积151.17 km²（表2-2），占广西海陆交错带地貌总面积的4.58%；三角洲平原，主要分布于南流江河口三角洲和钦江-茅岭江复合河口三角洲，该两河口三角洲部分归于河口海岛，故三角洲面积偏小，总面积140.19 km²，占广西海陆交错带地貌总面积的4.24%；海积平原，主要分布于西部江平潭吉—巫头—松柏—竹山—楠木山一带企沙半岛南部沿岸、犀牛脚—沙角，东

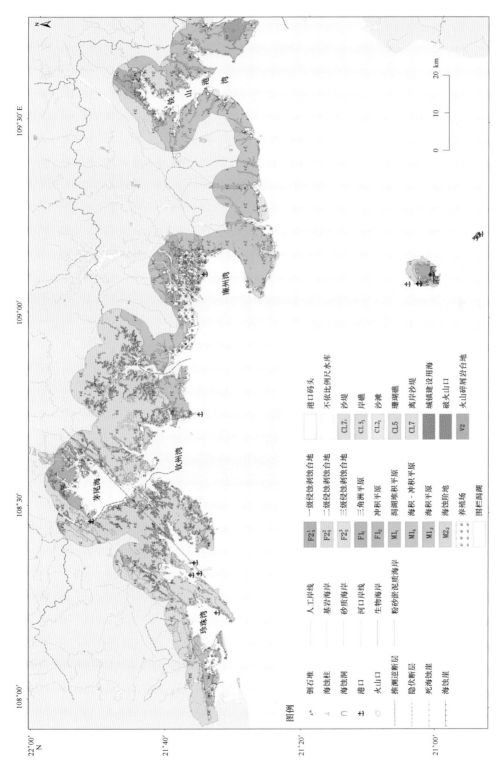

图 2-1 广西海陆交错带地貌类型空间分布格局

部北海半岛南部沿岸、丹兜海东北沿岸及乌泥等地，总面积 136.73 km²，占广西海陆交错带地貌总面积的 4.14%。

⑥其余海积-冲积平原、沿岸沙堤、熔岩台地、潟湖堆积平原、海蚀阶地及人工地貌中港口码头、盐田、水库分布分散，所占面积较小。各类地貌类型的面积大小如表 2-2 所示。

⑦广西海陆交错带地貌类型受到不同的形成条件和控制范围的影响，地貌成因类型的分布特征随着海拔高度和起伏的变化而变化，距离海岸 5 km 范围内的不同地貌类型自陆地向海岸呈阶梯状逐级降低趋势，这种地貌类型分布格局在西部江平一带最为明显，其形成海拔>50 m 至<200 m 高程的三级侵蚀剥蚀台地，海拔 15~50 m 高程的二级侵蚀剥蚀台地，海拔小于 15 m 高程的一级侵蚀剥蚀台地，海拔 5~10 m 高程的现代冲积平原及海积-冲积平原，海拔 2~3 m 高程的海积平原或养殖场、盐田，海拔 5~10 m 沿岸沙堤等（图 2-2），在中部犀牛脚、铁山港湾北部公馆一带等同样出现这种特征。

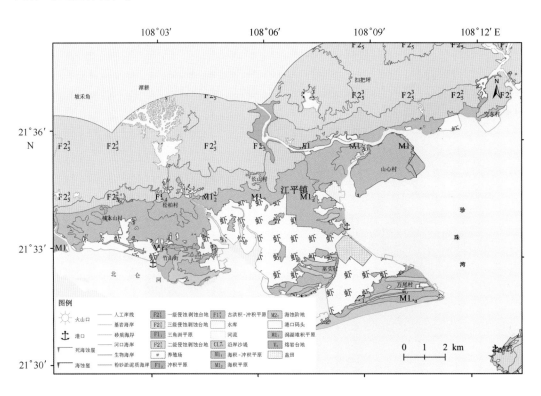

图 2-2　江平一带地貌成因类型空间分布格局

表 2-2　广西海陆交错带各类地貌成因类型面积统计表

地貌成因类型			面积/km²	占总面积比例/%	备注
二级类	三级类	四级类			
陆地地貌	侵蚀剥蚀地貌	一级侵蚀剥蚀台地	29.10	0.88	在不同的地质时期各种外力的侵蚀剥蚀作用，以及三次构造运动抬升，形成保存不同高度的基岩侵蚀剥蚀台地
		二级侵蚀剥蚀台地	460.72	13.95	
		三级侵蚀剥蚀台地	1 002.86	30.37	
	流水地貌	古洪积-冲积平原	821.88	24.89	古洪积-冲积平原是由早、中更新世湛江组、北海组地层构成的流水地貌
		冲积平原	151.17	4.58	
	构造地貌	熔岩台地	26.85	0.81	其余活动性断裂、地震断裂为线型地貌而不计面积
	重力地貌	倒石堆	–	–	倒石堆面积非常小，忽略不计。
	海成地貌	三角洲平原	140.19	4.24	三角洲、海积-冲积、海积平原中改造为养殖场部分属于人工地貌中的养殖场类型
		海积-冲积平原	62.27	1.89	
		海积平原	136.73	4.14	
		潟湖堆积平原	7.54	0.23	
人工地貌	人工地貌	养殖场（养殖虾塘）	344.11	10.42	其余海堤、防潮闸为线型地貌而不计面积
		盐田	23.35	0.71	
		港口区	18.21	0.55	
		水库	17.53	0.53	
潮间带地貌	河口地貌	河流（入海水道）	22.27	0.67	其余海蚀崖、海蚀穴为线型地貌而不计面积。
	岩滩地貌	海蚀阶地	2.01	0.06	
	海滩地貌	沿岸沙堤	35.84	1.09	
合计		17 种	3 302.63	100	

2.3　海陆交错带主要地貌类型及其空间分布格局

如前所述，广西海陆交错带地貌成因类型划分有二级类、三级类、四级类，为了更好地揭示广西海陆交错带主要地貌类型及其空间分布特征，现从三级类开始对侵蚀剥蚀地貌、流水地貌、造构地貌、重力地貌、海成地貌、人工地貌、河口地貌、岩滩地貌、海滩地貌等9种主要地貌类型及空间分布特征分别进行论述。

2.3.1　侵蚀剥蚀地貌类型及其空间分布格局

1）三级侵蚀剥蚀台地（$F2_5^3$）

三级侵蚀剥蚀台地是广西海陆交错带分布最广、面积最大、高程最高的一种典型地貌类型，总面积 1 002.86 km²，占广西海陆交错地貌成因类型的总面积 3 302.63 km²的30.37%。其地形海拔高度一般为>50 m 至<200 m，其中海拔高度 100 m 至<200 m 之间的广泛分布于西部江平镇即珍珠港湾西北岸、白龙半岛（江山半岛）、防城港湾顶西北岸、茅尾海西北岸、钦州港东岸、东部铁山港湾顶公馆北部一带（图 2-3）。调查区

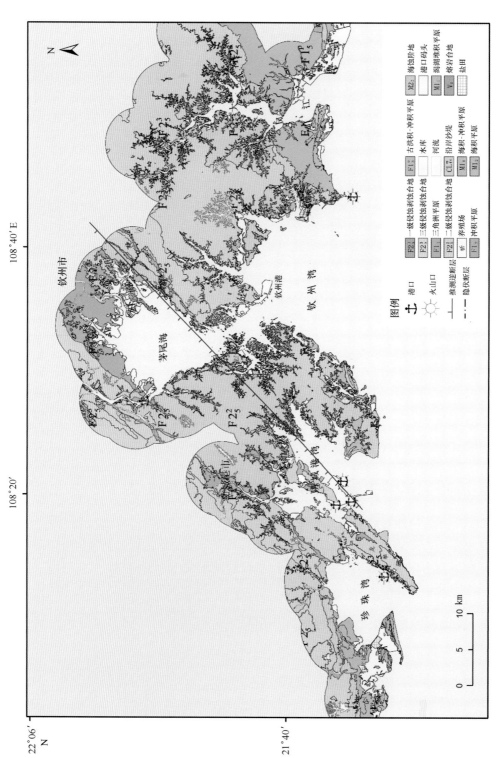

图2-3 广西海陆交错带西部三级、二级侵蚀剥蚀台地的空间分布特征

内最高的侵蚀剥蚀台地位于西部江平镇北部的平头顶，其海拔高度196.0 m，其次为茅岭江西北部的三角大岭，海拔高度194.8 m，其余大部分地区的三级侵蚀剥蚀台地的海拔高度在>50 m至150 m之间。这些三级侵蚀剥蚀台地大部分由下古生界志留系、上古生界泥盆系砂岩、粉砂岩、页岩等碎屑岩构成。因受构造的控制，台地大体呈NE—SW向成片展布，如珍珠港湾西北岸江平镇北部—东岸白龙半岛—防城港湾北部沿岸—茅尾海西北岸和钦州湾金鼓江及鹿茸环江江北部沿岸—大风江北部等地带，三级侵蚀剥蚀台地均呈NE—SW向展布，地势起伏，自西北和东南逐渐降低，在白龙半岛一带的三级侵蚀剥蚀台地呈现指状自东北向西南直逼海岸伸入海中，形成半岛的地貌形态。

调查区中、东部北海、合浦、犀牛脚等地的北海组、湛江组构成的古洪积-冲积平原上弧立分布有少数三级侵蚀剥蚀台地，如北海半岛西南部的冠头岭（图2-4）、犀牛脚的乌雷岭、岭门岭（大山岭）等。其中分布于北海古洪积-冲积平原上的残留侵蚀剥蚀台地，如北海半岛冠头岭主要由下志留统灵山群第二组轻微变质的砂岩、泥质的砂岩、粉砂、石英砂岩、千枚泥岩等组成，照片2-1反映出冠头岭三级侵蚀剥蚀台地及海岸海蚀崖、岩滩地貌特征；照片2-1出露下志留统灵山群第二组轻微变质的砂岩、泥质的砂岩、石英砂岩岩层特征；照片2-2揭示了冠头岭三级侵蚀剥蚀台地南岸海蚀崖上出露下志留统灵山群第二组轻微变质的砂岩、泥质的砂岩、石英砂岩及其岩层特

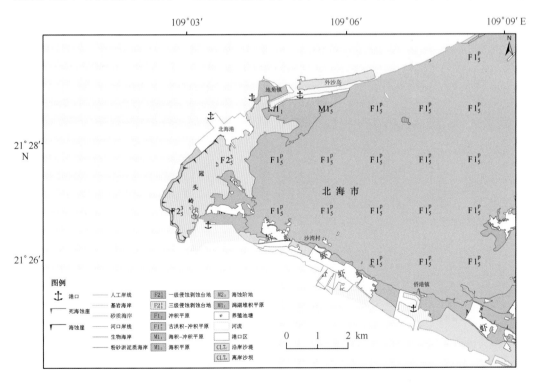

图2-4　北海冠头岭残留的三级侵蚀剥蚀台地空间分布的地貌格局

征。而分布于犀牛脚的乌雷岭、岭门岭则由印支期花岗岩侵入体构成，残留台地外形浑圆，风化壳厚度大。残留台地顶部风化层为粉红色、砖红色，以泥质砂为主，夹有铁质砾石、石英颗粒和基岩碎块。石英颗粒一般 2~3 mm，大者达 5 mm，多为次棱角状和棱角状。残留台地一般面积较小，其中面积最大的为北海冠头岭，长约 2.0 km，宽约 1 km，坡麓平缓，边界线不明显。

照片 2-1　北海半岛西南部冠头岭三级侵蚀剥蚀台地及海岸海蚀崖、岩滩地貌特征（黎广钊摄）

照片 2-2　冠头岭三级侵蚀剥蚀台地南岸海蚀崖上出露下志留统灵山群
第二组细粒岩屑质砂岩及其岩层特征（黎广钊摄）

海拔高度>50 m 至<100 m 的三级侵蚀剥蚀台地主要分布于钦州湾金鼓江中、上游西侧沿岸及钦州湾茅尾海以西等地一带，其台地坡麓边缘通常与海积平原、养殖池塘、滩涂连接，如照片 2-3 揭示了金鼓江上游西侧沿岸三级侵蚀剥蚀台地坡麓边缘与海积平原、养殖池塘、滩涂或红树林滩涂连接的地貌特征；其次在铁山港湾顶东岸亦有小面积分布，其间多被冲沟切割，其海拔高度>50 m 至 80 m。茅尾海以西和金鼓江西侧一带的三级侵蚀剥蚀台地在构造上处于钦州断陷的边缘，其间断裂发育，长期的构造上升及各种外营力的风化剥蚀使志留系灵山群的砂页岩和侏罗系中统紫红、紫灰色中—厚层泥岩、粉砂岩地层广泛出露，并大致呈 NE—SW 向的平行垅岗状分布，垅岗状台地表面多形成红壤风化壳。

照片 2-3 钦州湾金鼓江上游西岸三级侵蚀剥蚀台地坡麓边缘与海积平原、
养殖池塘、滩涂或红树林滩涂连接的地貌特征 （黎广钊摄）

2）二级侵蚀剥蚀台地 （F2$_5^2$）

该类地貌类型主要分布于珍珠湾西北岸的江平、防城港湾东北岸（即钦州湾西岸企沙半岛）、茅尾海东南岸、鹿茸环江口西北岸、大风江北部东西两岸等地，在东部铁山港湾顶公馆一带也有小面积分布。总面积 460.72 km²，占广西海陆交错带地貌成因类型的总面积 3 302.63 km² 的 13.95%。在图 2-3 中可以看出，二级侵蚀剥蚀台地的空间分布通常与三级侵蚀剥蚀台地连接，呈带状、片状、块状、环状分布特征，其中，西部江平和茅尾海东南岸呈带状分布，钦州湾西岸企沙半岛形成连续片状展布，鹿茸环江口西北及东南岸呈块状分布、大风江北部沿岸呈环状分布。该级台地的海拔高度一般为 50~15 m，自陆向海逐渐降低，向海侧一般与海积平原、冲积平原连接，其岩性主要由志留系灵山群砂岩、粉砂岩、页岩和侏罗系中、上统厚层状浅黄白色、暗紫红色、紫灰色砂岩、泥岩、含砾砂岩、粉砂岩构成。如图 2-5 揭示了茅尾海东南岸石角村西岸（C49′-C49 剖面）二级侵蚀剥蚀台地与海积平原连接的地貌特征；照片 2-4 反映出二级侵蚀台地边缘的海积平原已开发为耕地和水稻田；照片 2-5 反映构成二级侵蚀剥蚀台地的侏罗系中、上统厚层浅黄灰白色、暗紫红色岩层特征。由于地表水长期切割和侵蚀，通常形成有低洼地即狭长的冲积平原分布于岗丘状台地之间。这级侵蚀剥蚀台地带被流水切割成圆形或椭圆形小丘，在沿岸地带小丘间为海积平原，小丘凸起在海积平原上；有时小海湾呈长鹿角形蜿蜒于小丘之间，构成海湾、岗丘状台地分布格局。岗丘状台地与平原、海湾之间均以陡坎相接，并保留有海蚀崖、海蚀洞、海蚀平台。这些海蚀现象记录了昔日海水作用。

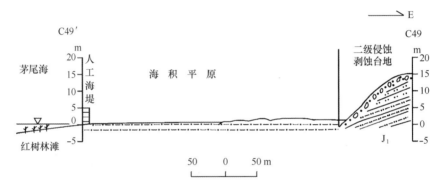

图 2-5　茅尾海东南岸石角村西岸二级侵蚀剥蚀台地与海积平原实测地貌剖面图

照片 2-4　二级侵蚀剥蚀台地边缘海积平原已开发为耕地和水稻田等人工地貌状况（黎广钊摄）

3）一级侵蚀剥蚀台地（F2$_5^1$）

该类地貌类型分布面积较小，主要分布于东部铁山港湾顶部北岸及西北岸、钦江三角洲中的西北部，在企沙半岛东南部沿岸的局部地带及鹿耳环江下游西岸也有小面积分布，呈零星分布。总面积 29.10 km²，占广西海陆交错带地貌成因类型的总面积

照片 2-5　二级侵蚀剥蚀台地中侏罗系厚层状浅黄灰白色、暗紫红色砂岩层特征（梁文摄）

3 302.63 km² 的 0.88%。从图 2-1 中可以看出，一级侵蚀剥蚀台地位于铁山港湾顶部岸北岸及西北岸和钦江三角洲中的西北部，呈东北—西南走向、块状分布于冲积平原之间和三角洲平原上，主要由泥盆系下统紫红色砂砾岩、粉砂岩、页岩及石炭系下统灰岩组成，其顶部发育红壤风化壳，厚约 1.5~2.5 m，如图 2-6 和照片 2-6 均反映出鹿耳环村南岸（C44′-C44 剖面）一级侵蚀剥蚀台地—冲积-海积平原—海积平原—养殖场—人工海堤—滩涂地貌特征，顶部发育灰黄、浅灰色泥质砂砾层风化壳，厚约 1.0~1.5 m，并发育植被；而位于企沙半岛东南部沿岸则呈零星分布，其海拔高度小于 15 m，主要由侏罗系厚层灰黄色、紫红色、紫灰、浅灰色含砾砂岩、粉砂岩、泥岩构成。

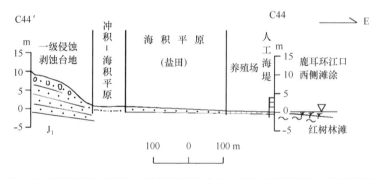

图 2-6　鹿耳环江口西岸一级侵蚀剥蚀台地—冲积-海积平原—海积平原
（盐田）—养殖场—人工海堤—滩涂实测地貌剖面图

2.3.2　流水地貌类型及其空间分布格局

流水地貌成因类型在广西海陆交错带地区形成有古洪积-冲积平原和现代冲积平原两种类型。

照片 2-6　一级侵蚀剥蚀台地—冲积-海积平原—海积平原（盐田）—养殖场
及其岩层与风化层特征（黎广钊摄）

1）古洪积-冲积平原

古洪积-冲积平原广泛分布于广西海陆交错带大风江以东的东部地区，西场—沙岗、北海—营盘—南康、沙田—山口等东部地区，在大风江口西岸的犀牛脚也有小面积分布（图2-1，图2-7）。总面积821.88 km²，占广西海陆交错带地貌成因类型的总面积3 302.63 km² 的24.89%，为广西海陆交错带第二大地貌成因类型。该类地貌地势平缓、开阔、呈大规模成片展布，自北微向南倾斜伸展，南部直达海岸或沿岸海积平原。在地形上构成了一个大体上自北向南缓缓倾斜的平原，近岸沿海一带高程为5～15 m，向北延伸到台地的顶点合浦石康一带为提高到25～35 m。位于近岸沿海一带的古洪积-冲积平原，由于受冰后期海侵的影响，平原边缘受海水的侵蚀成为陡崖。古洪积-冲积平原，有的频临海岸至今仍遭受海水冲刷侵蚀形成活海蚀崖，如图2-8、照片2-7揭示了营盘东部南康河口西岸老鸦龙村南岸形成古洪积-冲积平原—活海蚀崖—（砂质）海滩地貌特征，其海岸呈直立式海蚀崖陡坎，上部为北海组棕红、砖红色泥质砂土层，下部为湛江组灰白色花斑状黏土层构成。还有的古洪积-冲积平原，由于海岸淤积或河海

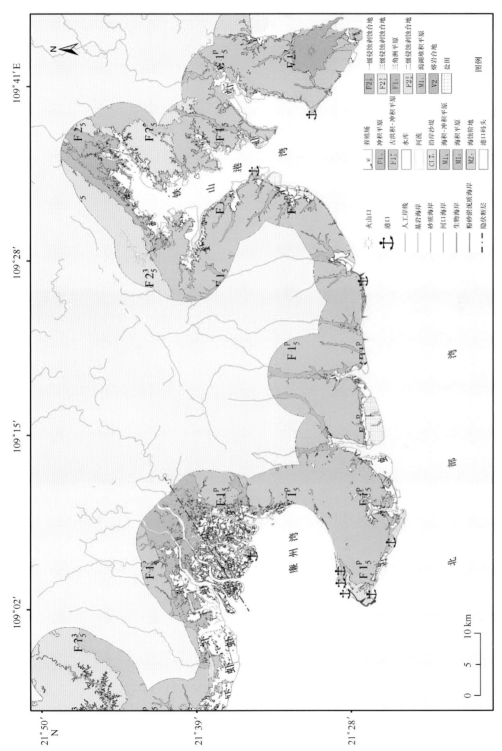

图2-7　广西海陆交错带东部古洪积-冲积平原的空间分布

混合堆积前展形成海积平原或三角洲平原而保留在陆上，形成死（古）海蚀崖或陡坎—海积平原地貌。如图2-9、照片2-8反映出铁山港湾中部西岸红坎村南岸（C13′—C13剖面）古洪积-冲积平原—死（古）海蚀崖或陡坎—海积平原（养殖场）地貌特征。

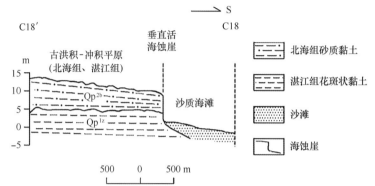

图2-8　南康河口西岸老鸦龙村南岸古洪积-冲积平原与海蚀崖及沙质海滩实测地貌剖面图

照片2-7　营盘南康河口西岸老鸦龙村南岸近直立式活海蚀崖及其上部为北海组棕红、砖红色泥质砂土层，下部为湛江组灰白色花斑状黏土层构成的海岸侵蚀地貌特征（黎广钊摄）

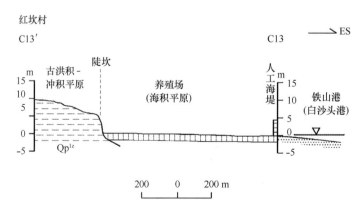

图2-9　铁山港湾中部西岸红坎村南岸古洪积-冲积平原与养殖场实测地貌剖面图

照片 2-8　铁山港湾中部西岸红坎村南岸古洪积-冲积平原边缘古海蚀崖或
陡坎—海积平原地貌（黎广钊摄）

古洪积-冲积平原主要由上部砖红色、棕红色、棕黄色、棕褐色黏土质砂、砂砾层，下部湛江组的灰白、灰黄、棕红色的砾石、砂、黏土质砂、砂质黏土、花斑状黏土构成。如北海高坎头剖面（图 2-10）所示，自上而下，层 1：0~1.60 m 为砖红色砂质黏土及粗砂；层 2：1.60~3.60 m 为棕红色砂砾层，砂砾石大小为 1~2 cm，最大为3 cm；层 3：3.60~5.60 m，为湛江组花斑状砂质黏土层，与上覆北海组地层呈不整合接触。又如合浦营盘卫生院附近剖面（图 2-11）自上而下为：层 1：0~2.0 m 为砖红色黏土质砂；层 2：2.0~4.0 m 为棕黄色砂砾石层，含条带状铁质条带结核，铁质条带结核厚 10 cm，砂砾层中见到斜交层理；层 3：4.0~6.0 m 为灰白色的花斑状黏土层。

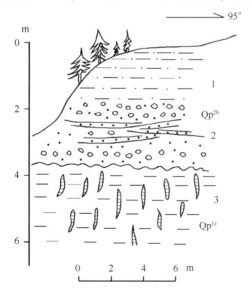

图 2-10　北海高坎头古洪积-冲积
平原地貌剖面图

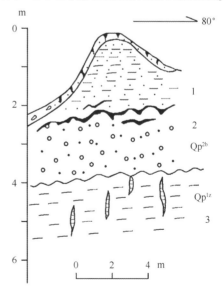

图 2-11　北海营盘卫生院附近古洪积-冲积
平原地貌剖面图

1. 北海组砖红色砂质黏土，底部为铁质条带结核；
2. 棕黄色砂砾层；3. 湛江组杂色花斑状黏土

根据 2009 年和 1986 年广西海岸带地貌与第四纪地质调查结果，在合浦上洋剖面的湛江组为白灰色含砾粗砂，具高度板状交错层理，可见白色黏土质砾石；同时在东部英罗港车板一带出露的湛江组同样出现白色砂砾层，亦具有大型板状交错层理。从湛江组岩性特征和层理构造及分布状况分析，其形成沉积环境为洪积-冲积相，根据北海砖厂剖面和七星江水坝附近剖面的黏土、黏土质砂、黏土质砂砾等样品的热释光年代测量结果，其形成年代在距今在（124.9±6.2）万至（187.77±9.39）万年之间，属早更新世。

从调查研究区内北海组的岩性特征、沉积构造、分布状况及其与下伏湛江组接触关系来看，其形成沉积环境应为洪积-冲积相。其形成年代根据北海市砖厂和咸田 Zk35 -3 孔砾砂、黏土质砾砂、黏土质砂等样品的热释光年代测量结果在距今（22.2±1.11）万至（90.63±4.53）万年之间，属中更新世。

2）现代冲积平原

从图 2-1 和图 2-7 中可以看出，现代冲积平原广泛而分散分布于广西海陆交错带入海河流中上游的河谷、古洪积-冲积平原冲沟、侵蚀剥蚀台地之间的低洼地，呈指状、带状分布特征，总面积 151.17 km²，占广西海陆交错带地貌成因类型的总面积 3 302.63 km² 的 4.58%。广西沿岸自西向东注入近海口较大的常年性河流主要有：北仑河、防城河、茅岭江、钦江、大风江、南流江等 6 条，其余多为间歇性小河。其中南流江是广西沿海最大的入海河流，其自东北向西南注入廉州湾。该河流或地表水切割了北海组、湛江组构成的古洪积-冲积平原，形成了大小不等的冲积平原；北仑河、防城河、茅岭江、钦江、大风江等河流均沿着侵蚀剥蚀台地的造构线，形成了 100~1 000 m 宽度不等的河谷平原，在河谷西侧一般发育有堆积阶地及河漫滩，侵蚀剥蚀台地之间形成有低洼地。在南流江冲积平原 13 号钻孔所揭示的沉积层（图 2-12）特征为：上部为河漫滩灰黑色淤泥沉积，下部为河床灰白色砂砾沉积，底部为古冲洪积半固结白色黏土质砾砂层，在早更新统湛江组古冲洪积层与全新世河床沉积层之间形成一侵蚀面。在现代河流河床内常见到顺流伸展的河心滩。如南流江支流下游木案头北西部支流的河心滩（照片 2-9）。一些间歇性小河如白龙河、西村河及七星江等切割北海组、湛江组地层，河谷西侧多形成陡坎。由于河流和地表水的侵蚀使河谷或冲沟不断向陆延伸，造成摧毁农田及耕地、危及公路等现象。因此，几乎所有河流下游均建筑有石质海堤或拦海大坝、防潮闸以及高标准海河堤，以防止海水和风暴潮及洪水灾害的侵蚀。如南康河口拦海大坝、防潮闸及南流江口西岸的海河堤及防潮闸。

2.3.3 构造地貌成因类型及其空间分布格局

广西海陆交错带研究区内构造地貌成因类型少，规模较小，面积较小，主要有熔岩台地和活动断裂两种类型。

埋深/m	时代	岩性剖面	中值粒径 (φ)	岩 性 描 述	沉积相
	全新统			灰黑色淤泥，富含腐植质和植物根茎叶碎片，顶部为黄褐色，含铁锈斑和铁锰结核	河漫滩
3 6 9				浅灰-黄褐色粗砂，极松散，颗粒多为半滚圆状，其次为次棱角状，少数滚圆较好，沉积物分选较好，颗粒成分以石英为主，少数为砂岩碎屑，此外还含燧石和云母碎屑	汊道河床
12				灰白色砾砂，碎屑颗粒多为次滚圆状，其次为次棱角状，滚圆较好的成分以石英为主，少量砂岩碎屑	
				灰白色砾砂，多为半滚圆状，其次为棱角状，砂和细砾成分以石英为主，砂岩碎屑较少，大于 10 mm 则以砂岩碎屑为主	
15	湛江组			砾砂，灰白色夹土黄色，由白色黏土胶结成半固状，夹薄层黄褐色细砂质黏土	冲洪积

图 2-12　13 号钻孔柱状剖面图（据《广西海岸带地貌与第四纪地质调查报告》
（广西海洋研究所 1986）改编）

照片 2-9　南流江支流下游木案头北西部支流河床中的河心滩地貌特征（黎广钊摄）

1）熔岩台地（或火山熔岩台地）

仅见于合浦山口镇新圩—英罗村—马鞍岭—新屋村—竹莞村一带，平面上呈一蟹钳状展布（图 2-13），一般海拔高度为 15~25 m，最高点位于烟墩岭，海拔高度达 76.6 m。其所占面积很小，总面积仅 26.85 km²，占广西海陆交错带地貌成因类型的总面积 3 302.63 km² 的 0.81%。该熔岩台地呈蟹钳形状分布于古洪积-冲积平原之中，两侧钳形以小型的半岛状直逼海岸，位于英罗港西岸形似半岛状的马鞍岭和红头岭沿岸形成近于直立式海蚀崖海岸地貌。熔岩台地主要由灰黑色橄榄玄武玢岩、玄武质火山角砾岩、凝灰岩构成，其地表风化为棕黄色含泥砂砾层，在英罗港西岸马鞍岭的海蚀崖可见到橄榄玄武玢岩、火山凝灰岩风化层，覆盖并不整合于第四系早更新统湛江组白色黏土和花斑状黏土层之上。如图2-14，照片2-10揭示了英罗港西岸马鞍岭半岛南部海岸C04'-C04剖面的熔岩台地地貌特征；位于马鞍岭半岛南端岬角东侧海岸形成近于直立式海蚀崖，并在潮间带上部经海浪冲刷、淘洗形成大小不等的火山岩砾石带，其砾石主要由杏仁状、块状、气孔状构造的橄榄玄武玢岩组成，如照片2-11所示。根据火山岩喷发堆积在湛江组地层之上及岩性特征和前人研究结果，新圩火山岩属于喜马拉雅期第二、第三次喷发形成的，即与海南岛中更新世石䃮岭期玄武岩浆活动期相当。

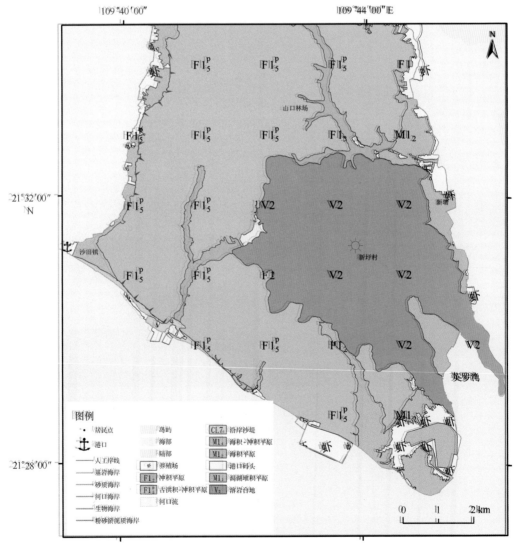

图2-13 广西海陆交错带东部山口熔岩台地空间分布特征

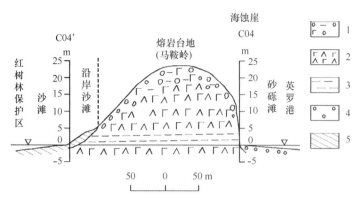

图 2-14　英罗港马鞍岭熔岩台地、海蚀崖、砂砾滩实测地貌剖面图
1. 玄武岩风化土；2. 玄武岩；3. 灰白色黏土（湛江组）；4. 砂砾；5. 细中砂

照片 2-10　马鞍岭半岛南部岬角海岸火山熔岩风化层覆盖并不整合于
第四系湛江组灰白色黏土和花斑状黏土层之上的地貌特征（黎广钊摄）

照片 2-11　马鞍岭半岛南岸潮间带上部经海浪冲刷、淘洗形成大小不等的火山岩砾石带（黎广钊摄）

2）古火山口

广西海陆交错带陆域地区火山口推测为古火山口遗迹，仅见于合浦山口新圩烟墩岭熔岩台地上，海拔高度76.6 m，出露火山碎屑玄武岩，纵横300~600 m，形成在地貌上似一个盾形火山锥。其主要成分玄武岩岩块、浮石、火山渣、火山灰等，由于风化剥蚀作用及其地表植被和农作物覆盖，火山口特征已不甚明显。

3）活动断裂

广西沿海地区地形地貌、地层受到活动断裂控制的活动性断裂主要有灵山—钦州—防城—东兴和合浦—博白—北流—容县两条区域性大断层，简称灵山—防城和合浦—北流活动断裂。

（1）灵山—防城活动断裂

灵山—防城活动断裂属于灵山—藤县区域性大断层的南西段，该大断层位于防城褶皱带的西北侧，呈东北—西南向伸展，往东北和向西南均伸出海岸带之外，在广西沿海钦州、防城地区伸展80 km以上。该大断层具有长期活动的特点，并对沉积建造具明显控制作用。晚古生代末期至中生代早期，大断层东南侧，可能主要为一隆起的剥蚀区而西北侧沉积了巨厚的粗碎屑岩系。往东部海岸带外，沿大断裂带尚发育有串珠状的中、新生代盆地，延伸至海岸带以外的灵山一带，至今仍常有地震活动发生，在南端稼林山一带下侏罗统和马路西南中侏罗统均受到该大断层的破坏。

（2）合浦—北流活动断裂

合浦—北流活动断裂又称合浦隐伏大断层，该活动断裂为岑溪—博白区域性大断层的西南段。该大断层在东部合浦地区的海岸带内全被合浦盆地第四系覆盖，呈隐伏大断层。该大断层不仅是控制合浦盆地形成和发展的基底断层，而且是控制整个广西海岸带东部构造区构造形成和发育的区域性大断层，并具长期活动性。

4）地震断裂

广西沿海地区海岸带地震断裂与活动断裂是一致的，地震断裂主要分布于灵山—防城和合浦—北流断裂带中。据广西地震资料，自1490年至2007年500多年间，在灵山—防城断裂带中的钦州—防城段，发生地震3~3.75级7次，4~4.75级6次；合浦—北流大断裂带中的合浦北海、涠洲海区附近，发生地震3~3.75级29次（图2-15、表2-3、表2-4）。在灵山—东兴断裂带上的灵山县平山圩，从未发生过大于4级的地震历史记载，1936年4月1日发生了6.75级破坏性地震。近20多年来，在调查区毗邻地带发生过5次大于4级的地震，即：1981年6月23日在白龙尾岛附近发生4.2级地震；1999年1月6日9时54分35秒在合浦公馆西北面发生4.0级地震；2003年5月1日15时23分17秒在钦州那丽镇附近发生4.3级地震；2006年9月17日1时12分28秒在北海市铁山港海域发生4.2级地震；1983年6月24日在越南奠边府发生7级地震。这5次地震均波及到本调查区。由于上述可知，新构造运动引起的地震，在广西沿海地区历史上未发生过大于 5 级的破坏性地震。从图 3-15 中也不难看出，区内地震与 NE 向和 NW 向的断裂具有密切联系。

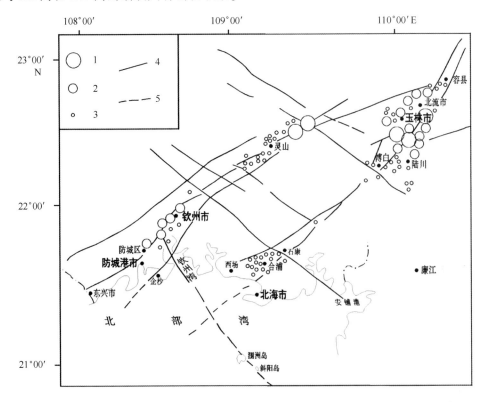

图 2-15　广西南部沿海地区主要断裂构造和震中分布图（据庞衍军等（1987）改编）

1. 5 级以上地震；2. 4~4 $\frac{3}{4}$ 级地震；3. 3~3 $\frac{3}{4}$ 级地震；4. 主要断裂；5. 推测断裂

表 2-3　广西沿海地区（1490—1985 年 ≥3 级）地震一览表

顺序	发震时间	震中位置 地名及具体经纬度	震级 M_s	备注
1	1490 年 6 月 20 日	合浦	3.0	
2	1500 年 9 月 23 日	钦州	3.0	
3	1500 年 10 月 21 日	钦州	3.5	
4	1501 年 10 月 12 日	钦州	3.5	
5	1516 年 11 月 29 日	合浦	3.0	
6	1529 年 12 月 31 日	合浦	3.0	
7	1530 年 9 月 21 日	合浦	3.0	
8	1569 年 9 月 28 日	合浦	3.0	

续表

顺序	发震时间	震中位置 地名及具体经纬度	震级 M_s	备注
9	1643 年 4 月 25 日	灵山	3.0	
10	1677 年 6 月 13 日	合浦	3.0	
11	1684 年 12 月 12 日	合浦	3.0	
12	1685 年 10 月 28 日	钦州与防城之间	4.0	
13	1720 年 8 月 11 日	钦州与防城之间	4.0	
14	1776 年 11 月 11 日	合浦	3.0	
15	1777 年 5 月 7 日	灵山	3.0	
16	1824 年 4 月 29 日	合浦	3.0	
17	1847 年 6 月 2 日	钦州附近	4.75	
18	1853 年 12 月 28 日	钦州	3.5	
19	1856 年 2 月 8 日	钦州与防城之间	4.0	
20	1858 年 2 月 16 日	灵山	3.0	
21	1861 年 12 月 6 日	灵山	3.0	
22	1862 年 1 月 8 日	灵山	3.0	
23	1863 年 12 月 21 日	灵山	3.0	
24	1867 年 5 月 8 日	合浦	3.0	
25	1878 年 9 月 26 日	灵山	3.0	
26	1881 年 5 月 28 日	灵山	3.0	
27	1885 年 12 月 6 日	灵山	3.5	
28	1890 年 10 月 28 日	钦州与防城之间	4.0	
29	1894 年 8 月 31 日	合浦	3.0	
30	1895 年 7 月 8 日	钦州	3.5	
31	1895 年 9 月 3 日	钦州	3.5	
32	1898 年 12 月 27 日	合浦	3.0	
33	1908 年 7 月 29 日	灵山	3.0	
34	1908 年 11 月 12 日	灵山	3.0	
35	1911 年 2 月 5 日	钦州	3.5	
36	1911 年 2 月 6 日	灵山	3.0	
37	1911 年 2 月 7 日	合浦	3.0	
38	1911 年 2 月 25 日	钦州	3.5	
39	1911 年 4 月 5 日	灵山	3.0	
40	1936 年 4 月 12 日	灵山县东北	6.75	
41	1937 年 6 月 8 日	合浦	3.0	

续表

顺序	发震时间	震中位置 地名及具体经纬度	震级 M_s	备注
42	1956 年 8 月 10 日	钦州	3.0	
43	1958 年 9 月 25 日	灵山县东北（22°36′N、109°36′E）	6.75	
44	1972 年 2 月 20 日	合县福成（21°36′N、109°19′E）	3.2	
45	1974 年 11 月 24 日	灵山丰塘（21°36′N、109°20′E）	4.1	
46	1976 年 8 月 4 日	安浦港（21°00′N、109°57′E）	3.5	
47	1985 年 8 月 7 日	安浦港（21°00′N、109°57′E）	4.1	

表 2-4　广西沿海地区（1991—2007 年 ≥3 级）地震一览表

顺序	发震时间	震中位置 地名及具体经纬度	震级 M_s	备注
1	1991 年 5 月 3 日 14 时 55 分 13 秒	北部湾涠洲岛西南面海域 21°04′48″N、108°56′00″E	3.1	
2	1993 年 8 月 17 日 3 时 46 分 43 秒	博白县附近 22°07′48″N、110°16′48″E	3.4	
3	1994 年 2 月 12 日 09 时 24 分 19 秒	合浦县公馆镇东北面 21°55′12″N、109°42′00″E	3.4	
4	1994 年 8 月 23 日 19 时 18 分 51 秒	博白县附近 22°28′12″N、110°18′48″E	3.4	
5	1995 年 1 月 15 日 12 时 49 分 06 秒	雷州半岛 20°57′12″N、110°16′12″E	3.3	
6	1995 年 2 月 27 日 10 时 08 分 24 秒	防城港市南面海域 20°57′12″N、108°22′48″E	3.0	
7	1995 年 3 月 4 日 20 时 06 分 17 秒	防城港市南面海域 20°57′12″N、108°25′12″E	3.0	
8	1995 年 3 月 13 日 4 时 33 分 06 秒	防城港市南面海域 20°55′48″N、108°24′00″E	3.3	
9	1995 年 3 月 14 日 11 时 48 分 57 秒	防城港市南面海域 20°55′12″N、108°24′00″E	3.2	
10	1995 年 8 月 17 日 22 时 10 分 53 秒	防城港市南面海域 20°58′48″N、108°22′48″E	3.2	
11	1996 年 10 月 5 日 10 时 35 分 24 秒	博白县附近 22°28′48″N、110°12′00″E	3.4	

续表

顺序	发震时间	震中位置 地名及具体经纬度	震级 M_s	备注
12	1996 年 10 月 5 日 14 时 24 分 05 秒	博白县附近 22°27′00″N，110°13′48″E	3.1	
13	1997 年 4 月 8 日 13 时 52 分 02 秒	博白县附近 22°25′12″N，110°13′48″E	3.1	
14	1997 年 12 月 31 日 16 时 38 分 09 秒	博白县附近 22°25′12″N，110°13′48″E	3.3	
15	1998 年 3 月 27 日 20 时 18 分 06 秒	合浦县北面 21°55′12″N，109°13′12″E	3.0	
16	1998 年 9 月 3 日 06 时 32 分 30 秒	北海市南康镇南面 21°31′12″N，109°28′12″E	3.6	
17	1999 年 1 月 15 日 16 时 15 分 55 秒	合浦县公馆镇西北面 22°04′12″N，108°31′12″E	4.0	
18	1999 年 6 月 6 日 09 时 54 分 35 秒	雷州半岛西部 21°00′48″N，109°48′00″E	3.0	
19	1999 年 6 月 6 日 09 时 54 分 37 秒	雷州半岛西部 21°04′48″N，109°49′12″E	3.0	
20	2000 年 9 月 15 日 20 时 03 分 00 秒	北海营盘镇南面海域 21°19′12″N，108°25′48″E	3.0	
21	2001 年 8 月 10 日 07 时 58 分 10 秒	北海市南康镇东南沿海 21°31′12″N，109°34′12″E	3.4	
22	2003 年 1 月 23 日 06 时 40 分 00 秒	北海市福成镇附近 21°36′00″N，109°18′00″E	3.1	
23	2003 年 5 月 1 日 15 时 23 分 17 秒	钦州市那丽镇附近 21°58′48″N，108°58′12″E	4.3	
24	2003 年 5 月 20 日 23 时 04 分 02 秒	北部湾涠洲岛西南海域 20°49′12″N，108°46′12″E	3.5	
25	2003 年 12 月 23 日 06 时 25 分 37 秒	博白县西面附近 22°21′00″N，109°42′00″E	3.3	
26	2004 年 2 月 25 日 00 时 26 分 04 秒	博白县附近 22°18′00″N，110°00′00″E	3.2	
27	2004 年 3 月 2 日 01 时 28 分 30 秒	北部湾涠洲岛东南海域 20°55′12″N，109°16′12″E	3.5	
28	2004 年 3 月 27 日 14 时 48 分 45 秒	北海市南面海域 20°48′12″N，109°04′48″E	3.0	
29	2006 年 9 月 17 日 01 时 12 分 28 秒	北海市铁山港海域 21°24′00″N，109°36′00″E	4.2	

续表

顺序	发震时间	震中位置 地名及具体经纬度	震级 M_s	备注
30	2006 年 12 月 27 日 06 时 47 分 24 秒	合浦县白沙镇附近 21°42′00″N，108°36′00″E	3.4	
31	2007 年 3 月 9 日 17 时 53 分 15 秒	北部湾涠洲岛西南海域 20°52′12″N，108°22′48″E	3.05	

5）温泉与地热

广西海陆交错带地区仅在合浦山口新圩烟墩岭一带出现有地热异常，地下水最高温度达 27℃，一般 24～25℃，最低也在 21℃ 以上，较其他地区水温高 2～3℃。同时，地下水化学成分比较特殊，SiO_2 的含量较高，烟墩岭火山口附近高达 24～32 mg/L。

2.3.4 重力地貌

本研究区内重力地貌成因类型单一，规模很小，只有倒石堆一种类型，仅见于北海冠头岭及防城白龙半岛（江山半岛）白龙尾南部沿岸海蚀崖下局部有小型的倒石堆，规模很小。

2.3.5 海成地貌类型及其空间分布格局

广西海陆交错带地区内海成地貌成因类型主要有冲积-海积平原、三角洲平原、海积平原、潟湖堆积平原等 4 种类型。

1）冲积-海积平原

主要见于白沙河、公馆河、闸口河、南康河、西村港、大风江、防城江、北仑河等河流中下游两侧阶地。总面积 62.27 km²，占广西海陆交错带地貌成因类型的总面积 3 002.63 km² 的 1.89%。冲积-海积平原呈块状或带状沿河岸两侧分布，如白沙河口两侧形成的冲积-海积平原具有一定代表性（图 2-16），河口两侧形成的海积平原呈带状分布，其宽由 50～200 m 之间不等，长可达 2.0 km，比河口浅滩高 0.5 m 以上。该类地貌的沉积物主要由灰色、灰黄色泥质砂或砂质泥沉积层组成，含有砾石及红树林根茎腐残物。现代冲积-海积平原几乎全部改造成为水稻田、农作物耕地及养殖池塘，时代属中全新世。

2）三角洲平原

广西海陆交错带三角洲平原主要发育于南流江和钦江—茅岭江河口地区，总面积 140.19 km²，占广西海陆交错带地貌成因类型的总面积 3 302.64 km² 的 4.24%。现重点分析南流江三角洲平原及其水下三角洲沉积特征，其次简述钦江—茅岭江复合三角洲平原。

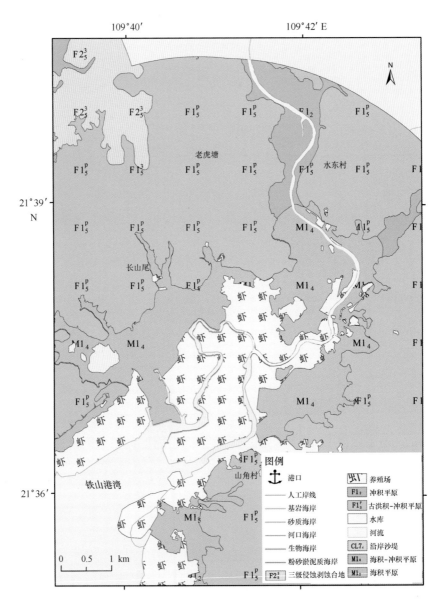

图 2-16　白沙河河口两侧冲积-海积平原空间分布特征

（1）南流江三角洲平原及其水下三角洲沉积特征

①南流江三角洲平原

A. 南流江三角洲平原地貌的基本特征

南流江三角洲发育于合浦断陷盆地，主要受到合浦—北流东北向深大断裂带的控制。第四纪以来，合浦隐伏大断层持续活动，形成断陷盆地，并且海面时升时降，使第四纪沉积层复杂。冰后期，海平面迅速上升，距今 8 000~7 000 年，海平面上升，北部湾海水侵入南流江古河谷。由于大风江口至高德一带为第四系湛江组、北海组地层、岩层松散，易于侵蚀，海岸后退快速；冠头岭周围侵蚀剥蚀台地为志留系灵山群的变质岩，岩石坚硬，海岸侵蚀后退缓慢。这一差异在河流和海洋共同作用下，8 000 年来南流江带来泥沙与海水侵蚀海岸及海区来沙混合堆积前展，形成现今南流江三角洲平原及周边地貌格局，如图 2-17 反映了南流江三角洲地区构造与地貌类型空间分布特征。在地形上，南流江三角洲平原两侧的范围是以湛江组和北海组地层构成古洪积-冲积平原被侵蚀而成的古海岸或陡坎为界，陡坎高 10~25 m，湛江组和北海组地层易于辨认，界线明显，西北侧陡坎位于西场、大树根、沙岗、白沙江一带，东侧古海蚀崖或陡坎位于望州岭—日头岭—乾江—烟楼一线，南流江河口区的平均高潮线则为三角洲平原与水下三角洲（三角洲前缘）的界线。如图 2-18 揭示了南流江三角洲平原西北部高岭村东至东横岭 C31′—C31 剖面的古洪积-冲积平原—古海岸线（陡坎）—三角洲平原—沙堤—养殖场—人工海堤—河口（沙泥滩）地貌格局；照片 2-12 反映出西北侧高岭村东陡坎（古海蚀崖）与三角洲平原连接处的地貌特征。南流江三角洲平原面积约 150 km² （包括该河口区南域围、更楼围、七星岛等 3 个海岛的三角洲平原面积），地势平坦，自东北向西南高程由 3 m 降到 0.5 m。三角洲平原表层沉积物为灰色、浅灰色砂质黏土、黏土。在三角洲平原西部分布有 3 列小型沙堤，一列位于沙岗镇大山至东山头，一列在沙岗镇东横岭至西横岭，另一列在西场镇沙环头至西后村一带。该 3 列沙堤直接覆盖在北海组、湛江组地层之上，沙体内发育冲洗交错层理，沉积物为灰白、灰黄、浅黄色粗中砂。粒径为 1.9φ~0.24φ，标准偏差 0.06φ，分选好。概率累积曲线为三段式，跃移组份占优势，达 98%，碎屑重矿物高达 3.87%。

南流江三角洲平原从形态上看，其岸线呈弧形状凹向内陆，对于整个廉州湾来说，三角洲平原不仅没有将海湾填满，向外前展，而且现代南流江河流汊道还在摆动和侵蚀，使部分三角洲平原的沉积层序受到强烈改造。这主要是由于河流的沙水比值较小，为 0.22，注入河口湾的泥沙量少，缺乏三角洲发育的物质基础，三角洲向海增长速度缓慢所致。这些特点在华南沿海的中小型河口三角洲具有代表性，在华南沿海的河口湾中普遍存在，为其与我国北方河流三角洲的明显区别。

B. 南流江三角洲平原沉积特征

根据南流江三角洲平原钻孔记录，冰后期三角洲沉积层大部分地区保持原始三角洲沉积层序，由于三角洲的前展，河流随之延伸，部分地区的三角洲沉积层序在不同程度上受到冰后期河流水流的冲刷改造。现以合 14 孔揭示的沉积层序为代表叙述南流江三角洲平原的沉积特征（黎广钊等，1994）。

合 14 孔位于合浦党江镇大头坪（图 2-19）。根据岩性、沉积结构、生物化石及沉积相演化，该孔揭示的沉积层自下而上（从老到新），分 6 层（图 2-20）。

第Ⅵ层：岩性为棕红色砂砾石，砾石为圆状，砾径 2~5 cm 不等。胶结物为黏土、

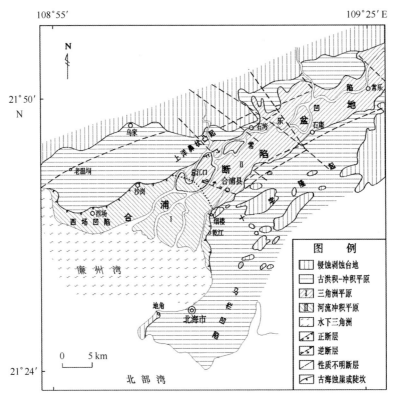

图 2-17　南流江三角洲地区构造与地貌类型空间分布特征图

(据《广西海岸带地貌与第四纪地质报告》(广西红树林研究中心，2009a))

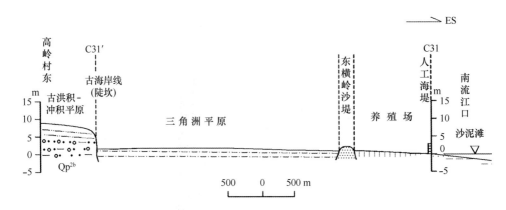

图 2-18　南流江三角洲平原与古洪积-冲积平原陡坎、沙堤、养殖场实测地貌剖面图

　　夹半固结状白色砂质黏土薄层，未发现生物化石。根据岩性特征与邻区地层对比，属于早更新世湛江组，反映冲洪积相沉积环境。

　　第 V 层：岩性为灰黄、浅黄灰色砂砾，砾石大小多为 4~5 cm，呈不规则状，次棱

照片2-12　南流江三角洲平原（稻田）与古洪积-冲积平原陡坎（古海蚀崖）
连接的地貌特征（黎广钊摄）

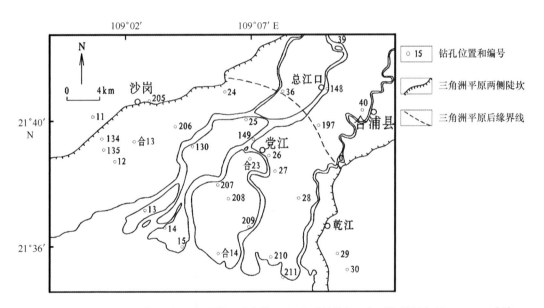

图2-19　钻孔位置图（据《广西海岸带地貌与第四纪地质报告》（广西海洋研究所，1986）改编）

角至次圆状，磨圆度中等，砂和细砾磨圆度较差。沉积物大小悬殊，夹有细砂淤泥。上部含少量滚圆状和书页状铁代皂石，在顶部发现少量有孔虫，如毕克卷转虫变种（*Ammonia beccarii* var.）、亚易变筛九字虫（*Crironoinon subincerlum*）等，并见有少量硅藻，如双壁藻（*Diplonlis*）、小环藻（*Cyclotella*）等。反映河流下游河床相沉积环境，为全新世早期地层。

第Ⅳ层：岩性为深灰色粉砂质淤泥，含球状黄铁矿及滚圆状、书页状铁代皂石，并含丰富的软体动物贝壳。有孔虫化石有毕克卷转虫变种、异地希望虫（*Elphidium advenum*）、亚易变筛九字虫、五玦虫（*Quinqueloculina*）等；介形虫有新单角介

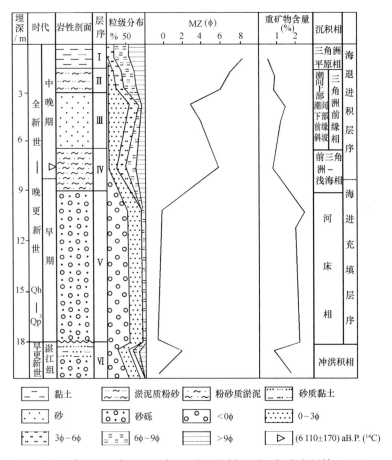

图 2-20　南流江三角洲平原合 14 孔柱状剖面图（据黎广钊等，1994）

（*Neomonoceratina*）、过渡勾眼介（*Alocopocythere profusa*）、清晰始海星介等；底栖贝类化石有笋锥螺（*Turrifella ferebra*）、泥蚶（*Arcagranosa*）等。反映前三角洲—河口湾沉积环境。^{14}C 年龄测定值为距今（6 110±170）年，属全新世中期。

第Ⅲ层：岩性为灰色砂，以细砂为主，含少量泥质。下部夹黄灰色泥团 3 cm×5 cm，含铁代皂石和褐铁矿化铁代皂石，皂石多呈滚圆状。碎屑重矿物含量 1.38%～2.48%。微体化石有毕克卷转虫变种、双壁藻、圆筛藻（*Coscinodiscus*）、小环藻、桥穹藻（*Cymbella*）、花舟藻（*Navicula*）。反映近岸带和潮间带下部沉积环境。

第Ⅱ层：岩性为灰色淤泥质粉砂和灰色砂-淤泥-粉砂，含极少粗砂。微体化石有三角藻（*Triceratium*）、裥环藻、双壁藻、桥穹藻、小环藻、椭圆双壁藻、颗粒形藻、圆筛藻等。反映潮间带上部沉积环境。

第Ⅰ层：岩性为黄灰色粉砂质黏土，较致密，含黄褐色氧化铁结核和大量植物根茎。微体化石有半泽虫（*Hanzawaia*）、三角藻、辐裥藻（*Actinoptychus*）、条纹小环藻

（*Cyclotella stylorum*）、圆筛藻、施氏双壁藻（*Diploneis smithii*）、轮藻（*Charites*）等。
反映潮间带上部沼泽沉积环境。

上述合 14 孔揭示的沉积层具有三角洲平原相、三角洲前缘相和前三角洲相依次叠
覆的特征，构成完整的三角洲层序。该孔所揭示的南流江三角洲层序厚度 9 m，在埋深
7.50~7.60 m 之间的淤泥放射性[14]C 年龄测定值为距今（6 110±170）年，推算出陆上
三角洲平原的平均沉积速率为 1.25 mm/a。

同时，根据南流江三角洲平原 30 多个钻孔揭示，冰后期沉积层与三角洲发育有
关，冰后期沉积的下伏层为湛江组或北海层陆相层。冰后期沉积层为灰色、黄灰色松
散的砂泥质沉积物，而下伏北海组或湛江组则为半固结的棕红色或灰白色砂质黏土层，
二者界线清楚。冰后期沉积层揭示，在基底上显示出清晰的古河系，冰后期沉积层厚
度自古河谷中心向两侧河漫滩及上游自 16 m 逐渐变薄至 5 m（图 2-21）。

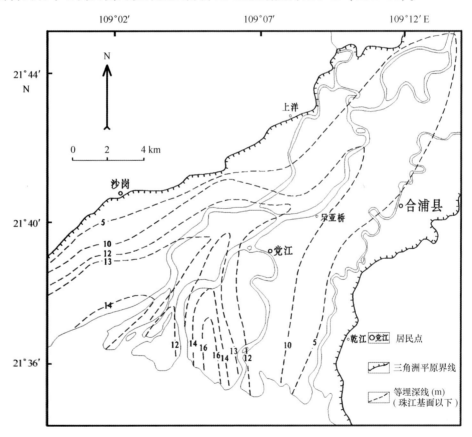

图 2-21 冰后期沉积基底等埋深图（据《广西海岸带地貌与第四纪地质报告》
（广西海洋研究所，1986）改编）

②南流江水下三角洲沉积特征

A. 南流江水下三角洲表层沉积类型与沉积地貌单元分布格局

河口湾三角洲一般发育于潮汐作用和波浪作用强烈的喇叭状河口区，由河流泥沙充填河口湾而成。按水下三角洲地貌划分的一般原则，南流江水下三角洲地貌可以划分为三角洲前缘和前三角洲两种类型（图2-22）。

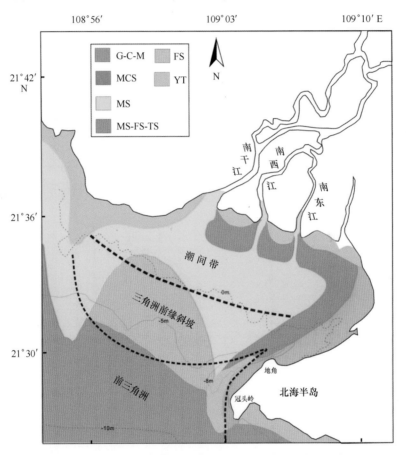

图2-22 南流江水下三角洲沉积物类型与沉积地貌单元分布格局

a. 三角洲前缘

南流江三角洲前缘的范围介于平均高潮线与5 m等深线之间，它可进一步划分为河口沙坝、潮间带浅滩和三角洲前缘斜坡。

河口沙坝。在南流江下游入海的南干江、南西江、南中江、南东江、周江等叉道河口区均发育有河口沙坝，数量较多，使叉道水流呈网状分支入海。河口沙坝形成规模不大，最大者长1~2 km，宽数百米，小的长数百米，宽十至数百米，沙坝顺水流方向排列，有的在水下，仅大潮低潮时出露地面，有的大部分时间出露，高潮时淹没。沉积物类型以浅黄色的中细砂为主（图2-22），分选较好。在各汊道河床及河流入海的口门段，沉积物主要为砾石—粗砂—中砂（G-CS-MS），各粒级中砾石含量占 31%，砂的总含量占 69%，其中，粗砂占 41%，中砂占 24%，细砂较少，仅为 4%。平均粒径 0.1ϕ，分选差。

潮间带浅滩。南流江河口发育的潮间浅滩（又称潮间带）在各岸段宽窄不一，在东、中部海域较宽，达 2~5 km，西部较窄，仅 300 m 左右。潮间带根据其沉积物类型可清楚地划分为黏土质粉砂带、中砂—细砂—粉砂带、中砂带等 3 个带（图 2-22）。各带特征如下。

黏土质粉砂带分布在河口两侧的潮间带上部，沉积物主要是灰黄或灰黑色黏土质粉砂（YT），其中粉砂组分含量 35%~50%，黏土组分含量 24%~33%，此外还含少量的砂质组分。其粒度频率曲线一般呈多峰态（图 2-23），平均粒径值 5.4ϕ~6.8ϕ，标准偏差为 2.7ϕ~3.5ϕ，分选很差。

中砂—细砂—粉砂带分布在中上部潮间带，沉积物在向海方向上逐渐由黏土质粉砂过渡为中砂—细砂—粉砂（MS-FS-TS），呈浅黄或灰黄色，粒度频率曲线呈多峰态，其特点是粒级混杂，中砂、细砂、粉砂 3 个粒级均占 20% 以上。平均粒径在 4.3ϕ~5.1ϕ 之间，标准偏差为 1.8ϕ~2.5ϕ，属分选中等至差。

中砂带分布在整个潮间带中下部和下部，沉积物主要是中砂（MS）、其次为细砂，此类沉积物在廉州湾内分布面积最大，在各粒级中，中砂含量 88% 以上，有时可达 97%，并含少量的粗砂、细砂和粉砂。粒度频率曲线一般呈双峰或多峰态，平均粒径为 2.23ϕ，标准偏差一般为 0.2ϕ~0.6ϕ，属分选极好。

三角洲前缘斜坡。自低潮线至滨外泥线（水深约 5 m）为三角洲前缘斜坡，沉积物为青灰、黄灰色的细砂（FS），粒度频率曲线为尖锐的单峰态（图 2-23）。中细砂组分含量为 68%~88%。中砂占 12%，粗砂仅占 4%，粉砂为 15%。平均粒径在 3.7ϕ 左右，标准偏差，属分选极好。

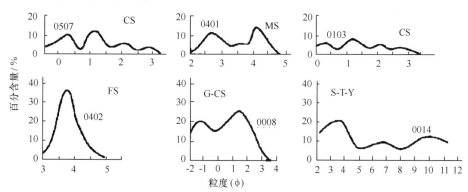

图 2-23　各类沉积物粒度频率曲线

b. 前三角洲

自-5 m 等深线至廉州湾口外水深约 10 m 处为前三角洲，沉积物中泥质组分又开始增加，主要沉积物类型为青灰色的中砂—细砂—粉砂，粒度频率曲线一般呈多峰态，分选很差。值得注意的是北海半岛西北侧岸外的深水槽，其深度一般为 5~8 m，其海底沉积物是来自南流江的粉砂。因此，也将其归入前三角洲地貌单元之中。前三角洲之外的海底为水下古滨海平原，地势平坦，海底表层沉积物为面土黄或灰黄色泥质中粗砂层，有时还含有砾石，夹大量贝壳碎片，贝壳碎片磨损强烈。

B. 南流江水下三角洲垂向沉积特征

水下三角洲是形成陆上三角洲平原的基础。南流江水下三角洲，自河口向西南发育延伸至廉州湾口外，其面积为陆上三角洲平原面积的 2 倍，约 300 km²。为了研究三角洲的沉积层序、形成和演变，在水下三角洲潮间带下部，即最低低潮位附近一带从东至西布设了 4 个钻孔。钻孔均穿透了冰后期沉积层，进入湛江组。冰后期沉积层为灰黄色、青灰色疏松的砂泥质，下伏为湛江组或北海组半固结的棕红、灰黄、灰白色砂砾、黏土层。二者接触界线清楚。

从 4 个钻孔所揭示的冰后期沉积层可知，水下三角洲沉积层的厚度变化为：东部和中部较厚，为 8.5~11.0 m，西部南干江口外最薄，厚度仅为 3.0 m，厚度变化详见图 2-24。

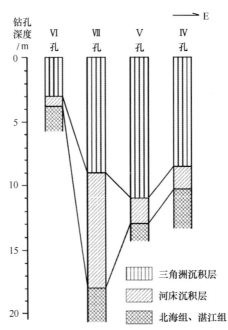

图 2-24　南流江水下三角洲沉积层对比图（据黎广钊，1994）

现以Ⅶ号孔所揭示的垂直沉积层作为代表性论述。根据岩性、生物化石、沉积结

构性和 ^{14}C 测年数据，该孔从下而上（从老到新）划分为 4 层（图 2-25）。

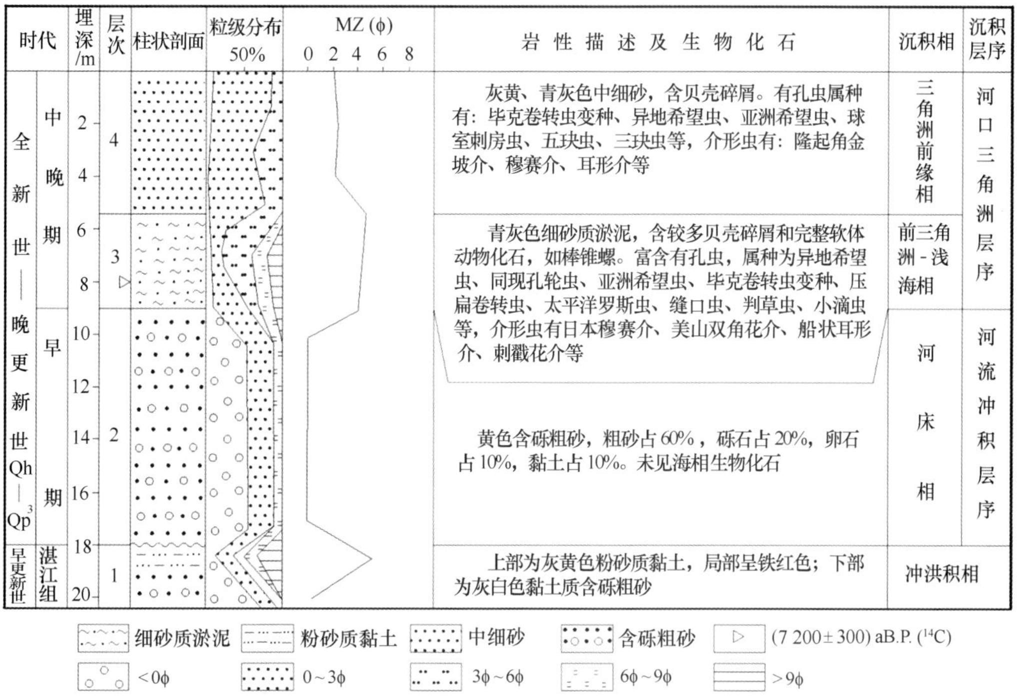

时代	埋深/m	层次	柱状剖面	粒级分布 50%	MZ (φ) 0 2 4 6 8	岩性描述及生物化石	沉积相	沉积层序
全新世 中晚期	2 4 6 8	4				灰黄、青灰色中细砂，含贝壳碎屑。有孔虫属种有：毕克卷转虫变种、异地希望虫、亚洲希望虫、球室刺房虫、五块虫、三块虫等，介形虫有：隆起角金坡介、穆赛介、耳形介等	三角洲前缘相	河口三角洲层序
晚更新世 早期 Qh—Qp³	10 12 14 16 18	3				青灰色细砂质淤泥，含较多贝壳碎屑和完整软体动物化石，如棒锥螺。富含有孔虫，属种为异地希望虫、同现孔轮虫、亚洲希望虫、毕克卷转虫变种、压扁卷转虫、太平洋罗斯虫、缝口虫、判草虫、小滴虫等，介形虫有日本穆赛介、美山双角花介、船状耳形介、刺戳花介等	前三角洲-浅海相	河流冲积层序
		2				黄色含砾粗砂，粗砂占60%，砾石占20%，卵石占10%，黏土占10%。未见海相生物化石。	河床相	
早更新世 湛江组	20	1				上部为灰黄色粉砂质黏土，局部呈铁红色；下部为灰白色黏土质含砾粗砂	冲洪积相	

图例：细砂质淤泥 | 粉砂质黏土 | 中细砂 | 含砾粗砂 | ▷ (7 200±300) aB.P. (^{14}C) | <0φ | 0~3φ | 3φ~6φ | 6φ~9φ | >9φ

图 2-25　南流江水下三角洲Ⅶ钻孔综合柱状图（据黎广钊，1994）

第 1 层：上部岩性为灰黄色粉砂质黏土，以黏土为主，顶部为 20 cm 厚的灰黑色泥炭土，底部呈铁红色为主；粗砂占 60%，黏土占 20%，砾石占 15%，中细砂占 5%。砾石为次圆—次棱角状，半固结状，砾径 2~4 mm。胶结物为黏土。未见海相生物化石。层厚大于 2 m。反映冲洪积相，属早更世湛江组。

第 2 层：岩性为黄色粉砂质粗砂，以粗砂为主，粗砂占 60%，黏土占 10%，细砾占 20%，卵石占 10%；卵石为次圆—圆状，颗粒分布不均匀，分选差。底部被铁质染成红色，未发现海相生物化石。层厚 9.5 m。反映河流河床冲积相，属全新世早期。

第 3 层：岩性为青灰色细砂质淤泥，含较多贝壳碎屑和部分完整软体动物化石，如棒锥螺（Turritella）。沉积物颗粒中细砂占 32.6%，粉砂占 28.2%，黏土占 23.9%，中砂占 7.2%，粗砂占 4.9%，砾石占 3.2%。层厚 3.1 m。富含有孔虫化石，如异地希望虫、同现孔轮虫（Cavarotalia annectens）、亚洲希望虫（Eiphidium asiaticum）、毕克卷转虫变种、压扁卷转虫（Ammonia compressiuscula）、日本半泽虫（Hanzawaia niponica）、太平洋罗斯虫（Reussurina pocifica）、缝口虫（Fissurina）、三块虫（Trilocu-lina）、判草虫（Brizalina）、小滴虫（Guttulina）等。介形虫有日本穆赛介（Munseyella japonica）、美山双角花介（Biclumucythere bisanensis）、船状耳形介（Aurula cypma）、刺

戳花介（*Stigmatocythere spinosa*）等。代表前三角洲—浅海相沉积环境。该层底部砂质淤泥层 7.54~8.54 m 处的 ^{14}C 年龄测定值为距今（7 200±300）年，属中全新世。

第 4 层：岩性为灰黄、青灰色中细砂，分选好，以细砂为主。颗粒中细砂占51.4%，中砂占 28.5%，粉砂占 10.6%，粗砂占 7.8%，砾石含量很少，仅占 1.7%。含有生物碎屑，海相微体化石中，有孔虫有毕克卷转虫变种、异地希望虫、亚洲希望虫、球室刺房虫（*Schackoinella gobosa*）、太平洋罗斯虫、抱环虫（*Spiroloculina*）、五玦虫、三玦虫等，介形虫有隆起角金坡介（*Cornucoquimbagibba*）、穆赛介、耳形介等，偶见苔藓虫。本层微体化石个数较少，且个体较小，属种单调。反映三角洲前缘潮间带沉积环境。

4 个钻孔所揭示沉积层埋深的厚度与其所在层位的 ^{14}C 年龄及沉积速率推算结果见表 2-5。南流江水下三角洲 7 000 年以来沉积率在 0.48~1.14 mm/a 之间，其中东部为0.48~0.56 mm/a，西部为 1.06~1.14 mm/a，说明现代水下三角洲东部地区沉积速率较慢，西部地区沉积速率较快，反映出现代南流江主河道南干江是从西部伸展入海。

表 2-5　4 个钻孔沉积层埋深的厚度、层位 ^{14}C 测年值及沉积速率

孔号	埋深厚度/m	^{14}C 测年值/a B. P.	沉积速率/mm·a^{-1}
IV	1.25~2.0	2 900±90	0.56
V	3.0~3.9	7 200±140	0.48
VI	2.3~3.0	2 500±90	1.06
VII	7.54~8.54	7 200±300	1.14

③南流江河口三角洲演变阶段

A. 河口三角洲演变阶段

根据沉积层岩性、岩相、微体古生物、矿物成分、^{14}C 测年数据、海平面升降、地貌形态格局等因素，南流江三角洲地区冰后期三角洲大体上经历了 3 个发育演变阶段。

a. 全新世早期海进阶段

全新世早期大理冰期末，全球进入冰后期，全新世海平面迅速上升，距今 1 万年前后，华南海平面在现今海面以下约 30 m，海水进入北部湾涠洲岛南面附近。当时涠洲岛以北地区仍处于风化剥蚀环境，南流江河流沿着合浦断陷盆地不断地摆动和下切北海组洪积-冲积平原而形成古河谷。据我们研究，南流江河口地区全新世海侵的时间大致和北部湾东北部浅海及铁山港海区相同，距今 8 000~7 000 年，海平面上升速度超过沉积速率，海水进入南流江古河谷而形成河口湾。与此同时，基面抬升引起河床溯源堆积，河口后退。因此，在晚更新世的古侵蚀面上形成一套下粗上细的河流充填砂砾层。

b. 全新世中期稳定阶段

全新世中期，海面上升速度减慢，海面接近现今海面位置，海面上升速度与沉积率相当。海面上升和沉积物加积作用同步进行。但是海岸线稳定阶段的延续时间在河口湾不同部位有差异。在湾顶即现代三角洲北侧，当时海面达到现今位置以后，河流的溯源堆积作用转而向外进积，但由于稳定的延续时间短，沉积体——沙体不明显；在河口湾西南侧沉积物不断地向外堆积，从而使稳定阶段形成的海滨沉积沙体被保存下来；而东南侧高德、北海一带，自海面达到现今位置以后至现在，南流江的物质影响较小，海岸线受到波浪改造形成的一系列沙堤，基本上处于稳定，此带稳定阶段延续的时间更长，并在今后相当长一段时间里仍处于稳定阶段。

c. 全新世中、晚期海退阶段

南流江三角洲地区 7 000 年以来，海面基本在现今位置波动，沉积率逐渐超过了海平面上升速度。在古河口湾的不同部位和不同时间沉积作用及海岸变迁有所不同。随后河流将泥沙输送到河口区形成三角洲，海岸向外推移而发生海退。河口西侧的东头山、西村、西场一带受波浪和潮汐改造成沙堤，海岸线稳定。后来三角洲不断进行前展，较粗物质到达三角洲的西南部，堆积在西场—西村—东头山一系列沙体的外侧。这一带的海岸由稳定变为向外推进，河流沉积物充填使水下坡度变缓，波浪能减弱，结果在上述沙堤的外侧所形成的沙体——横岭沙体，规模较小。7 000 年以来，南流江三角洲已向外推进了 10~12 km，约以平均 1.6 m/a 的速度向外推进。然而，现代南流江的主要水道位于西边，南流江的泥沙输送到西场沿岸以外海域至南流江河口湾（廉州湾）的广阔地带沉积下来，形成宽阔的南流江三角洲前缘浅滩和前三角洲水下地貌。

B. 河道变迁

a. 现代入海河道特点

现代南流江河口三角洲平原，地势平坦，均在海拔 5 m 以下。在三角洲平原上，由于河床坡降低，泥沙不断淤积，加上自然水流和人类活动的共同作用，沟渠纵横，网状河道发育，河床宽数十米到千余米。并且河道迂回曲折，汊道较多，边滩、心滩发育。其中最大的河流汊道为南干江，其次为南西江，再者为南东江和南周江。这 4 条汊道河流两岸均经过人工改造作用，裁弯取直，并修筑有防海潮和洪水的堤围，在堤围内的三角洲平原均已开垦为农田。南流江现代入海汊道河流自东向西分布，主河道南干江经西部七星岛流入廉州湾。

b. 河道变迁

南流江主流河道的迁移可以追溯到新石器时代的晚期。据考证，1975 年、1978 年在合浦环城乡龙门江、钟屋岭先后出土石锛、石铲、砺石戈等新石器时代的晚期石器，其年代为距今 4 000 年左右。出土石器龙门江和钟屋岭均位于南流江冲积平原的东侧北海组台地，因此可以说明史称"百越"族之一的西瓯骆越人曾居住在古南流江东岸，从事捕鱼和守猎活动；同时，合浦县城廉州镇至今仍保存有河流淤积而形成的潟湖（牛轭湖）和河流遗迹。此外，在三角洲平原上乾江南面发现有古河口沙坝存在如八字山—马鞍山沙坝。这些证据都说明古南流江由廉州湾入海并延续至明朝初。据地方志记载，宋代在廉州镇曾设有沿海巡检司，当时廉州镇为出海的原始港口，河道畅通；到明代初，扩建东门、南门、西门城楼时，四周均有护城河。自明代（距今约 600 年）开始，古南流江河道逐渐淤塞西迁。现代南周江就是古南流江主河道淤塞演变而成，现已被改造成为洪水期的分洪河道。

古南流江主河道在河口三角洲平原东部廉州—乾江一带淤积废弃后，向西迁移至总江—党江一带，形成南西江和南东江注入廉州湾。由于河流携带泥沙，使河床不断淤积抬升，主河道废弃继续向西迁移，导致现今主河道迁至上洋江—西江一带而形成现代南流江主流南干江河道，经七星岛入海，从而形成现代南流江河道流势（黎广钊等，1994）。

另外，从表 2-5 也可以看出，古南流江主河道自东向西迁移的趋势。水下三角洲东部南周江和南东江河口区沉积速率为 0.48~0.56 mm/a，西部南干江和南西江河口沉积速率为 1.06~1.14 mm/a，相当于东部河口区的 2 倍。这也说明现代南流江主流携带大量泥沙在西部河口区沉积。

（2）钦江—茅岭江复合三角洲平原

钦江—茅岭江复合河口三角洲平原发育在钦州向斜盆地之中，其两侧的范围和延伸方向都明显地受到构造的控制。其中，东北—西南向的纵断层和西北—东南向的横断层组成了"X"型断层，致使海湾破碎，河道弯曲。该三角洲平原以钦州青年水闸以北为顶点，向南呈扇状展开。在地形上，三角洲平原两侧的范围是以志留系、侏罗系砂页岩被侵蚀而成的陡坎为界，陡坎高 20~60 m。西北侧界线沿石岭—茅坝—康熙岭—茅岭连线伸展；东侧界线以关草塘—田寮—大岭—辣椒槌一线为界，南临茅尾海，构成钦江—茅岭江复合三角洲平原。陆上三角洲平原面积 140 km²（包括该两河口区海岛三角洲平原面积）。

钦江全长 179 km，集水面积 1 400 km²，年均径流量 10.56×10⁸ m³，年均输沙量为 17.30×10⁴ t。河口区潮差为 4~5 m，波浪较小，其形成的三角洲属中小型潮汐三角洲。

钦江—茅岭江复合三角洲平原由于残留基岩的侵蚀剥蚀台地的分隔，三角洲平原显得较为破碎（图 2-26），外缘界线曲折，只有水下前缘的潮间浅滩使三角洲连成一体，三角洲平原呈东北—西南向延伸。钦江—茅岭江复合三角洲平原靠近沿岸侵蚀剥蚀台地的坡麓地带，物源近，地势高差大，沉积物粗。根据陆上钻孔揭示三角洲沉积层较薄，一般仅 1~3 m，有些地方风化壳出露地表，残留基岩的侵蚀剥蚀台地散布于三角洲平原上。

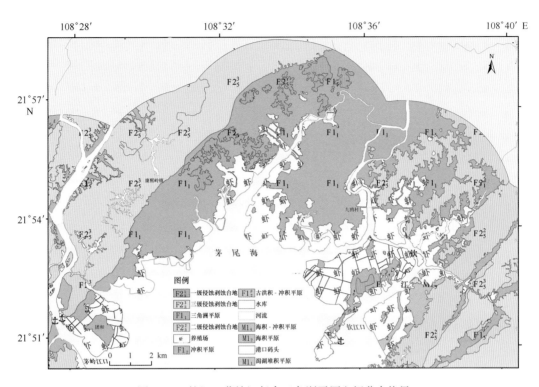

图 2-26 钦江—茅岭江复合三角洲平原空间分布格局

3）海积平原

广西海陆交错带区内海积平原主要分布东部山口镇东南岸新塘至新村，沙田镇东岸乌泥、丹兜海两侧沿岸，白沙河近海河口段，白沙镇西南岸老鸦港、榄子根、平田、闸口镇红石塘、南康镇的石头埠、北暮盐场部分区域，营盘镇西岸白龙、福成镇南岸西村港两侧及竹林盐场部分区域，北海东海岸大冠沙、古城村沿岸，钦州犀牛脚、大番坡镇大榄坪、金鼓江东西两岸、钦州湾和防城港局部岸段、东兴市江平镇竹山—巫头—沥尾—贵明—交东一带。总面积 136.73 km²，占广西海陆交错带地貌成因类型的总面积 3 302.63 km² 的 4.13%。其中江平、大榄坪、犀牛脚、西场、大冠沙、竹林、北暮等地海积平原面积较大，规模达数平方千米至十几平方千米，海积平原高程一般为 1.5～2 m，亦有低于高潮值 1 m 左右的，海积平原几乎都有人工海堤和海滨沙堤保护。平原表层沉积物多为灰色或灰黑色、深黄色淤泥质砂或砂质淤泥含植物碎屑及少量贝壳碎屑，向下颜色略深，有时可见铁染锈斑。因受海水影响，其中多含有孔虫。在东部地区，海积平原的后缘与北海组、湛江组地层构成古洪积-冲积平原的陡坎相接，如照片 2-13 反映出山口镇新塘村东部宽阔的海积平原，大部分已开发为水稻田；照片 2-14 反映出北海大冠沙宽阔的海积平原改造为海水养殖场；在西部地区则大部分与基岩侵蚀剥蚀台地连接，如照片 2-15 反映金鼓江西岸农呆墩村东岸海积平原与其后缘基岩侵蚀剥蚀台地连接的地貌特征。

照片 2-13　山口镇新塘村东部宽阔的海积平原大部分已开发为水稻田景观（黎广钊摄）

照片 2-14　北海大冠沙宽阔的海积平原改造为海水养殖场，其后缘为古洪积-冲积平原（黎广钊摄）

照片 2-15　金鼓江西岸农呆墩村东岸海积平原与其后缘基岩
侵蚀剥蚀台地连接的地貌特征（黎广钊摄）

海积平原根据人为影响程度大小又可分为两类：

第一类是主要由人工堤或由人工堤和海滨沙堤共同保护下形成的海积平原，例如东部英罗港乌泥、丹兜海两侧沿岸、铁山港两侧沿岸、竹林盐场内，中部大风江口两侧沿岸，犀牛脚红路匡—沙角，犀牛脚大环，企沙半岛南部、江平沥尾—巫头—榕树头—竹山一带。这类海积平原呈带状、片状、块状分布，一般呈带状、块状分布的海积平原规模较小，而呈片状分布的海积平原规模较大，成片分布，从数平方千米到数十平方千米，如江平海积平原成片分布，面积约 30 km²，人为因素影响尤为突出，由人工海堤将沥尾沙堤和巫头沙堤、巫头沙堤与榕头树头沙堤连接围成的海积平原。如图 2-27 揭示了东兴市江平镇一带海积平原与人工海堤及沙堤地貌分布格局，其中海积平原大部分开发为养虾池塘或水稻田。

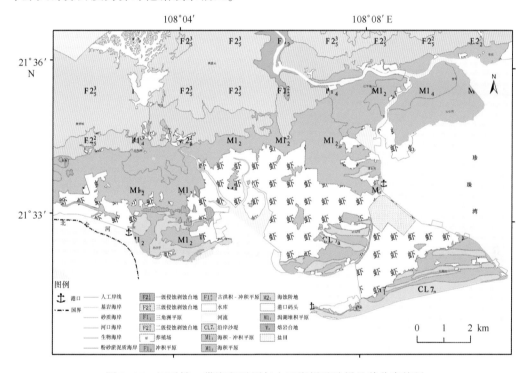

图 2-27　江平镇一带海积平原与人工海堤及沙堤地貌分布格局

第二类是发育在伸入内陆的溺谷型海湾顶部或两侧，以及侵蚀剥蚀台地或古洪积-冲积平原之间，如西部防城港湾北部以及中部大风江口两侧沿岸、钦州湾两侧沿岸伸入内陆的潮流通道或小型指状海湾，如图 2-28 反映出防城港湾北部伸入内陆小型指状海湾的海积平原空间分布格局。这些区域风浪作用微弱，而潮汐作用属于主导地位，海积平原因为溺谷海湾泥沙充填结果，自然演变因素为主，人为因素影响次之，形成规模较小，大部分小于 1 km²。

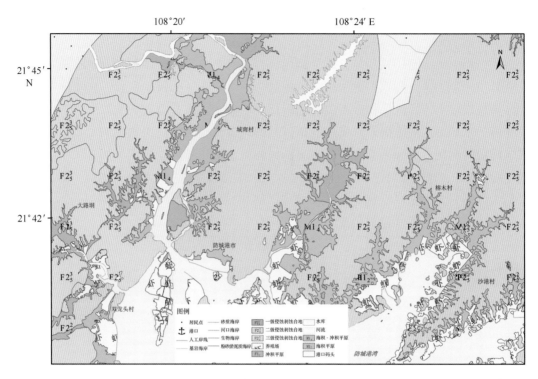

图 2-28　防城港湾北部伸入内陆小型指状海湾的海积平原空间分布格局

4）潟湖堆积平原

研究区内潟湖堆积平原零星分布于北海营盘西岸黑泥—牛仔圩、杨富村，北海半岛南岸古城岭、沙湾—打席村、靖海镇（原高德镇）草头村垌尾，企沙半岛的天堂坡、樟木沥—赤沙等地的沿岸沙堤内侧，面积较小。总面积 7.54 km²，占广西海陆交错带地貌成因类型的总面积 3 302.63 km² 的 0.23%。其地势平缓，呈长条带状分布，其是昔日与海相通的半封闭的潟湖或潮汐通道演变而成的。潟湖堆积平原外缘均有海滨沙堤或离岸沙坝或连岛沙坝保护，在东部地区其后缘通常与北海组和湛江组地层组成的古洪积-冲积平原（台地）的陡坎相接。如图 2-29 揭示了靖海镇（原高德镇）草头村垌尾离岸沙坝—潟湖堆积平原—古洪积-冲积平原地貌分布格局，其外缘为长条状离岸沙坝，后缘为古洪积-冲积平原及古海蚀崖（陡坎），其中潟湖堆积平原大部分改造为养殖场或水稻田及农耕地，如照片 2-16 所示。图 2-30 则反映潟湖堆积平原与沿岸沙堤及北海组陡坎连接的地貌特征。在西部沿海地区的潟湖堆积平原后缘普遍与侵蚀剥蚀台地相接，如照片 2-17 反映企沙半岛南岸天堂坡村沿岸潟湖堆积平原—后缘侵蚀剥蚀台地连接的地貌特征。

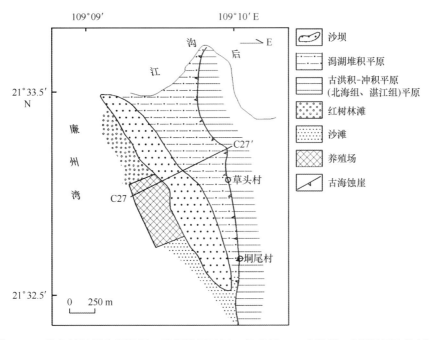

图2-29　草头村垌尾离岸沙坝—潟湖堆积平原（养殖场）—古洪积-冲积平原地貌剖面

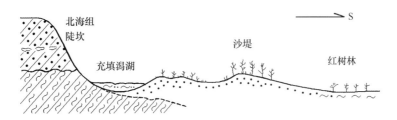

图2-30　营盘镇黑坭村潟湖堆积平原与北海组陡坎及沙堤地貌特征示意图

照片2-16　草头村潟湖堆积平原（养殖场）与外缘离岸沙坝及后缘古洪积-冲积平原地貌（黎广钊摄）

照片 2-17　企沙半岛南岸天堂坡沿岸潟湖堆积平原—后缘侵蚀剥蚀台地连接的地貌特征（黎广钊摄）

2.3.6　人工地貌类型及其空间分布格局

广西海陆交错带地区人工地貌较为突出，规模较大，尤其是近 20 余年来迅速发展的海水养殖业、港口运输业、临海工业，使广西沿岸人工地貌种类、规模发生了较大变化，构成了广西海陆交错带地区中的人工海岸地貌的特色之一。根据本次调查研究结果，广西沿岸海陆交错带的主要人工地貌有养殖场、盐田、港口码头、人工海堤、防潮闸、水库、防护林带等 7 类。其中养殖场规模最大，其次为人工海堤、港口码头、再者为盐田、水库，其余人工地貌规模较小。现将各类人工地貌的基本特征分述如下。

1）养殖场

养殖场指海水养殖场，是广西海陆交错带地区主要的人工地貌，广泛分布于广西沿岸海陆交错带地区，规模较大，总面积达 344.11 km²，占广西海陆交错带地貌成因类型的总面积 3 302.63 km² 的 10.42%。其中，由南流江三角洲平原开辟形成的养殖场规模最大，总面积达 53.31 km²，占广西海陆交错带地区养殖场总面积 344.11 km² 的 15.49%；其次为由钦江三角洲平原开辟形成的养殖场的面积为 27.77 km²，占养殖场总面积的 8.07%；再者为由江平海积平原开辟形成的养殖场面积为 21.26 km²，占养殖场总面积的 6.18%；由大冠沙海积平原及盐田开辟形成的养殖场面积为 17.97 km²，占养殖场总面积的 5.22%；由北暮盐场开辟形成的养殖场面积为 14.68 km²，占养殖场总面积的 4.27%。其余海岸带区域的养殖场面积均较小。由此可见，广西海陆交错带地区的养殖场大部分是开辟沿岸的海积平原、三角洲平原、冲积-海积平原而成，局部是将盐田改造而成的。如大冠沙原有的海积平原和盐田已全部改造成为养殖场，如图 2-31 所示，少部分为新的围海建成。区内养殖场均有人工海堤保护而存在，后缘有的为海积平原，有的为冲积-海积平原、侵蚀剥蚀台地、古洪积-冲积平原（台地），如大冠沙养殖场，其东南向海侧为人工海堤或局部为沙坝所围，后缘为古洪积-冲积（北海组）平原或海积平原，如照片 2-18 反映大冠沙养殖场及其后缘古洪积-冲积（北海组）平原地貌分布特征；照片 2-19 反映福成白龙养殖场人工地貌特征；照片 2-20 反映北海竹林盐田养殖场养殖场、海堤等人工地貌特征；照片 2-21 反映南流江三角洲平原西南木案头村养殖场人工地貌特征；照片 2-22 反映钦江三角洲平原南西面江口养殖场、海堤及堤外红树林滩地貌特征。目前，广西海陆交错带沿海东部北海市养殖场面积最多，为 204.68 km²，占广西海陆交错带沿海养殖场总面积的 59.48%；钦州市次之，为 84.16 km²，占养殖场总面积的 24.46%；防城港市第三，为 55.27 km²，占养殖场总面积的 16.06%（表 2-6）。

表 2-6　广西海陆交错带地区各市养殖场面积调查统计表

城市名称	北海市	钦州市	防城港市	合计
沿海各市养殖场面积/km²	204.68	84.16	55.27	344.11
占广西海岸带沿海养殖场总面积/%	59.48	24.46	16.06	100

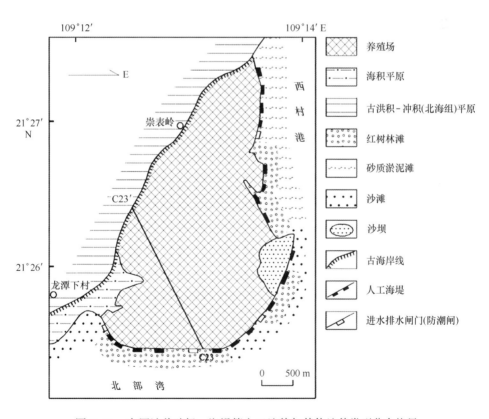

图 2-31　大冠沙养殖场、海堤等人工地貌与其他地貌类型分布格局

照片 2-18　大冠沙养殖场及其后缘古洪积-冲积（北海组）平原地貌分布特征（黎广钊摄）

照片 2-19　福成白龙养殖场人工地貌特征（黎广钊摄）

照片 2-20　北海竹林盐田养殖场、海堤等人工地貌特征（黎广钊摄）

照片 2-21 南流江三角洲平原西南木案头村养殖场人工地貌特征（黎广钊摄）

照片 2-22 钦江三角洲平原南西面江口养殖场、海堤及堤外红树林滩地貌特征（黎广钊摄）

2）盐田

广西海陆交错带地区盐田主要分布于广西沿海东部北暮盐场，竹林盐场、榄子根盐场，中部犀牛脚盐场，西部企沙盐场和江平盐场等地，总面积 23.35 km²，占广西海陆交错带地貌成因类型的总面积 3 302.63 km² 的 0.71%。盐田外缘均由人工海堤保护而存在，后缘与海积平原相连。如图 2-32 揭示了竹林盐田自海向陆地貌类型为标准人工海堤→盐田蓄水塘→盐田→海积平原→冲积-海积平原→古洪积-冲积平原（台地）地貌模式，反映盐田与其他地貌类型的分布格局。如照片 2-23 反映北暮盐田人工地貌特征；照片 2-24 反映榄子根盐田人工地貌特征；照片 2-25 反映竹林盐田人工地貌特征。

广西海陆交错带沿海盐田开发主要建设于 20 世纪 50 年代至 70 年代。根据广西 1986 年海岸带调查资料，沿海地区国营盐场有北暮、竹林、榄子根（包括白沙头）、大冠沙、犀牛脚、企沙和江平，盐田总面积为 32.67 km²。民营盐场有合浦、北海、钦

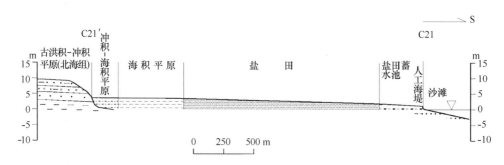

图 2-32　竹林盐场盐田、盐田蓄水塘、海堤等人工地貌与海积平原实测地貌剖面图

照片 2-23　北暮盐田人工地貌特征（黎广钊摄）

照片 2-24　榄子根盐田人工地貌特征（黎广钊摄）

州、企沙、江平等 5 个，盐田总面积 3.44 km² （表 2-7）。近 20 余年来，由于盐业的发展设备老化、资金不足、生产技术落后、生产的盐含水量超标、质量差等因素，盐业生产面积逐年减少。同时由于海产品的需求量逐年增加和价格上扬，兴起了水产养殖业，

照片 2-25 竹林盐田人工地貌特征（黎广钊摄）

导致将大部分盐田改造为海水养殖场，近年来，部分海水养殖场又开发为工业用地或房地产用地等。从表 2-7 可知，大冠沙盐田已全部（100%）改造为养殖场（虾鱼塘），企沙盐场 87.09%、犀牛脚盐场 74.14%、江平盐场 53.05%、榄子根盐场 37.47%的面积已改造为海水养殖场，北暮盐场一小部分改造为养殖场，只有竹林盐场扩建 8.87 km²；其余民营盐场都全部改造为海水养殖场。根据本次调查统计，从 1986 年广西沿海国营盐田面积 32.67 km²，到 2013 减少了 9.32 km²，仅有 23.35 km²，下降了 28.53%；而民营盐田已全部改造为养殖场，减少了 3.44 km²，全部消失。因此，广西沿海盐田总面积从 1986 年的 36.11 km² 到 2013 减少了 12.76 km²，为 23.35 km²，下降了 35.34%。

表 2-7 广西沿海盐田 1986—2013 年面积变化情况统计表（单位：km²）

盐场名称	1986 年	2013 年	增减面积	增减/%	备注
北暮（国营）盐场	5.71	5.36	-0.35	-6.13	部分盐田改造成养殖、工业用地等
榄子根（国营）盐场	4.83	3.02	-1.81	-37.47	部分盐田改造成养殖场
竹林（国营）盐场	1.99	10.86	+8.87	+45.73	扩建盐田，近年部分改造成养殖场
大冠沙（国营）盐场	4.10	0	-4.10	-100	几乎改造成养殖场、部分开发为房地产
犀牛脚（国营）盐场	5.84	1.51	-4.33	-74.14	多数盐田改造成养殖场
企沙（国营）盐场	6.43	0.83	-5.6	-87.09	多数盐田改造成养殖场
江平（国营）盐场	3.77	1.77	-2.0	-53.05	多数盐田改造成养殖场
小计	32.67	23.35	-9.32	-28.53	
合浦（民营）盐场	1.11	0	-1.11	-100	所有盐田改造成养殖场
北海（民营）盐场	0.50	0	-0.50	-100	所有盐田改造成养殖场
钦州（民营）盐场	0.94	0	-0.94	-100	所有盐田改造成养殖场
企沙（民营）盐场	0.64	0	-0.64	-100	所有盐田改造成养殖场
江平（民营）盐场	0.25	0	-0.25	-100	所有盐田改造成养殖场
小计	3.44	0	-3.44	-100	
合计	36.11	23.35	-12.76	-35.34	

3）港口码头

广西海岸曲折，港湾众多，有利于进行港口码头建设。目前广西海陆交错地区带（不包括海岛）沿岸港口码头主要有北海港深水码头、钦州港（不包括籆沟墩岛）、防城港、沙田港、闸口港、铁山港、营盘港、电建渔港、西村港、北海渔业基地、北海外沙渔港、西场官井港、犀牛脚渔港、茅岭港西岸码头、企沙渔港、潭油港、防城港电厂码头、白龙尾珍珠港、江山石角码头、江平潭吉码头、江平沥尾京岛港、东兴竹山港等20多个。总面积18.21 km²，占广西海陆交错带貌成因类型的总面积3 302.63 km²的0.55%。其中防城港、钦州港、北海港是广西沿海三大港口。近10多年来，广西沿海港口码头及港口工业发展迅猛，尤其是防城港市、钦州市、防城港市。目前，防城港在渔沥半岛南部沿岸深水泊位（5万吨级、10万吨级、20万吨级码头）作业区总面积为7.64 km²，在钦州港已建成（不包括已建成籆沟墩岛的籆沟作业区）果子山作业区、鹰岭作业区及金鼓江作业区，总面积为4.46 km²，北海港深水码头区和北海铁山港作业区1.90 km²，再者为北海港深水码头区1.06 km²，其余均为小型商渔港。照片2-26反映广西商业、工业港口景观；照片2-27反映广西渔业港口景观。广西沿海各市港口码头及其港口工业建设人工地貌面积调查统计结果见表2-8。

照片2-26　广西沿海商业、工业港口景观（钦州港）

照片2-27　广西沿海渔业港口景观（北海外沙渔港）（黎广钊摄）

表 2-8　广西沿海各市港口码头及其港口工业建设人工地貌面积统计表

城市名称	港口码头名称	已建成面积/km² (至 2013 年)	建设用途或行业
北海市	沙田港	0.68	商、渔兼用
	闸口港	0.079	商用
	铁山港	1.90	以商港为主
	营盘港	0.188	商、渔兼用
	电建渔港	0.42	以渔用为主
	北海渔业基地	0.015	商、渔兼用
	北海港深水码头	1.06	大型商港
	北海外沙渔港	0.40	以渔用为主
	西场官井港	0.99	地方散杂货小型港口
钦州市	犀牛脚渔港	0.29	以渔用为主
	钦州港	4.46	大型商港
防城港市	防城港	7.64	大型商港
	茅岭港西岸码头	0.19	中小型散杂货
	企沙渔港	0.05	以渔用为主，兼商用
	潭油港	0.088	小型散杂货
	防城港电厂码头	0.23	以电厂燃煤装卸为主
	白龙尾珍珠港	0.02	中小型散杂货兼渔用
	江山石角码头	0.06	小型散杂货
	江平潭吉码头	0.28	小型散杂货
	沥尾京岛港	0.03	中小型商、渔兼用
	东兴竹山港	0.01	中小型商、渔兼用
合计		18.21	

4）人工海堤（海挡）

海堤是指人为建设的防止海洋灾害如海水、波浪、风暴潮侵蚀海岸的石质或泥质堤坝，广西沿海几乎所有海堤都为石质海堤，除英罗港国家级红树林保护区内侧海堤为泥质建筑外。人工石质海堤是由水泥混凝土与坚硬的花岗岩块或石灰岩块建成，广泛分布于广西沿岸。人工海堤对海积平原、河口三角洲平原、临海农田、耕地、村庄、海水养殖场、港口码头、港口工业城镇区、滨海旅游区等起到防灾减灾保护作用。海堤按防灾减灾等级高低可分为标准海堤和一般海堤，标准海堤是按 20 年一遇标准建设。广西沿海的标准海堤有合浦白沙平田标准化海堤（照片 2-28）；南康河口青山头标准化海堤；北海竹林盐田标准化海堤；北海大冠沙标准化海堤（照片 2-29）；南流江主流西岸沙岗镇沿岸标准化海堤（照片 2-30）；西场镇沿岸标准化海堤；北海福成白龙坪底村沿岸标准化海堤（照片 2-31）；钦州康熙岭白鸡村沿岸标准化海堤（照片

2-32）；钦州犀牛脚大环村西岸标准化海堤（2-33）；钦州湾西南岸沙螺寮村沿岸标准化海堤（照片2-34）；东兴江平沥尾南岸标准化海堤（照片2-35）；东兴竹山东南岸标准化海堤（照片2-36）；东兴江平榕树头标准化海堤（照片2-37）等。广西沿岸各市海堤总长度为653.585 km，其中，北海市沿岸拥有海堤最长，为290.18 km，其次为钦州市海堤，为216.90 km，防城港市海堤最短，为146.505 km（表2-9）。

照片2-28　合浦白沙平田标准化海堤景观（黎广钊摄）

照片2-29　北海大冠沙标准化海堤景观（黎广钊摄）

5）防潮闸

沿海地区的拦海大坝，人工海堤通常建有防潮闸，以便洪涝排泄和潮水进出。根据海堤的长短和保护养殖场、盐田、耕地面积大小，一般每条海堤建设1~6座防潮闸。防潮闸建设有大有小，如南康河口拦海大坝防潮闸较大（照片2-38），其余大部分均较小，如南流江主流西岸沙岗镇沿岸海堤防潮闸（照片2-39）。据统计，广西沿海人工海堤及拦海大坝中建有大小防潮闸共1 340座，其中，钦州市最多，为687座，其次是防城港市，403座，北海市最少，250座（表2-8）。

照片 2-30　南流江主流西岸沙岗镇沿岸标准化海堤景观（黎广钊摄）

照片 2-31　北海福成白龙坪底村沿岸标准化海堤景观（黎广钊摄）

照片 2-32　钦州康熙岭白鸡村沿岸标准化海堤景观（黎广钊摄）

照片 2-33　钦州犀牛脚大环村西岸标准化海堤景观（黎广钊摄）

照片 2-34　钦州湾西南岸沙螺寮村沿岸标准化海堤景观（黎广钊摄）

照片 2-35　东兴江平沥尾南岸标准化海堤景观（黎广钊摄）

照片 2-36　东兴竹山东南岸标准化海堤景观（黎广钊摄）

照片 2-37　东兴江平榕树头标准化海堤景观（黎广钊摄）

照片 2-38　南康河口拦海大坝防潮闸景观（黎广钊摄）

照片 2-39　南流江主流西岸沙岗镇沿岸海堤防潮闸（黎广钊摄）

6）水库

调查研究区内自海岸线向陆延 5 km 范围内海陆交错岸带分布有中、小型人工水库 15 个。自东至西有合浦闸口清水江水库、北海鲤鱼地水库、七星江水库、龙头江水库、钦州后背江水库、合叉江水库、金窝水库、垭龙江水库、马鞍水库、鲤鱼地水库、石排六水库、防城港市小陶水库、三波水库，东兴市峡浪水库和黄淡水库等 15 个。总面积 17.5 km²，占广西海岸带地貌成因类型的总面积 3 302.63 km² 的 0.53%。

7）防护林

广西沿岸是台风和风暴潮多发地区，有的岸段地势较低，为防止风暴潮的灾害，自 20 世纪 50 年代开始种植防护林。广西沿岸防护林带主要是 50、60、70 年代建设的，到 80 年代初以来基本上没有增加海岸防护林建设。目前，广西沿海防护林约有 1 343.67 hm²，主要建设在平直的砂质海岸的沙堤分布岸段，总长约为 227 km。防护林带主要分布于防城港市江平巫头、沥尾（照片 2-40）、大坪坡、企沙赤沙-松辽（寮）、天堂坡—天堂角（照片 2-41）、山新—簕山—沙螺寮，钦州犀牛脚大环—外沙南岸（照片 2-42）、北海草头村—垌尾、大墩海—电白寮—白虎头、福成白龙—营盘镇西部（照片 2-43）、营盘镇东部青山头—玉塘村（照片 2-44）、沙田—中堂等地沿岸沙堤中和红树林岸段，主要树种为木麻黄、基岩岸段也有少数分布，树种主要为桉树、马尾松。海岸防护林起到防风固沙、固土、保持水肥、保护海岸环境生态效益的作用。

表 2-9 广西沿海各市海堤长度、防潮闸、防御标准统计表

北海市				钦州市				防城港市			
海堤名称	长度/km	防潮闸/座	防御标准/年一遇	海堤名称	长度/km	防潮闸/座	防御标准/年一遇	海堤名称	长度/km	防潮闸/座	防御标准/年一遇
均泥	2.10	2	10	黄屋屯	30.46	81		榕树头	2.98	2	20
平田	17.0	15	20	康熙岭	41.8	87	20	五七（竹山）	4.821	2	20
老鸭港	1.20	5	10	尖山	47.30	107	20	沥尾	6.428	8	20
蟒蟹田	2.30	4	10	沙埠	24.65	60	10	沙潭江	0.510	3	10
红坎村	1.97	2	10	大番坡	23.54	114	10	直江	3.32	2	10
北垄盐场	2.0	3	10	犀牛脚	20.36	41	10	大新闸	1.42	4	10
竹林盐场	11.81	1	20	东场	18.28	125		防城江	32.077	58	
大冠沙	7.76	3	20	那丽	8.45	66		茅岭乡	24.485	100	
白龙	9.21	5	10	龙门	2.06	6	10	江平镇	30.388	40	
南流江	100.30	70	10~20					光坡镇	14.714	107	
沙岗—西场	38.70	15	20					江山乡	11.975	26	
青山头	1.45	1	20					企沙镇	5.341	39	
大三那	11.0	8	10					松柏乡	6.596	10	
大官井	4.45	1	10					马正开	1.45	2	20
后背垌	2.26	4	10								
七星	10.83	30									
蛇港垌	2.15	5									
富屋匡	2.10	2									
西村—大坎	5.20	4									
大沟江	2.70	3									

续表

北海市				钦州市				防城港市			
海堤名称	长度/km	防潮闸/座	防御标准/年一遇	海堤名称	长度/km	防潮闸/座	防御标准/年一遇	海堤名称	长度/km	防潮闸/座	防御标准/年一遇
东咎	1.0	5									
鹿塘	3.4	8									
川江	1.2	2									
生盐田	1.0	2									
山角联	3.9	5									
八份	2.9	1									
毛禾	1.7	1									
海珠寺	1.0	1									
大坚牛	2.27	3									
横丫	1.16	2									
睢田	1.10	1									
浪土良	0.91	1									
宏德	7.5	5									
老柯塘	2.1	2									
莫山联	5.30	7									
单兜海	4.30	11									
永安	2.15	2									
大塘	2.90	2									
北界	2.80	3									
大兴塘	1.10	1									
莫中联	4.0	2									
合计	290.90	250			216.90	687			146.505	403	

照片 2-40　江平沥尾东头沙沿岸防护林带及其外缘沙滩地貌（黎广钊摄）

照片 2-41　企沙半岛东南部天堂角南岸防护林带及其外缘沙滩地貌（黎广钊摄）

照片 2-42　犀牛脚外沙南岸西段海岸防护林带及其外缘沙滩地貌（黎广钊摄）

照片 2-43　营盘镇西部鹿塘村南岸混合树种防护林带及其外缘沙滩地貌（黎广钊摄）

照片 2-44　营盘镇东部青山头东南岸防护林带及其外缘沙滩地貌（黎广钊摄）

2.3.7　河口地貌

　　广西海陆交错带地区输入近海的主要河流有南流江、大风江、钦江、茅岭江、防城河、北仑河等6条，这些河流都是中小型河流，流量和输沙量均较小，形成河口地貌简单，主要河口地貌有入海水道、河口沙坝等两类，现对入海水道（又称入海河流汊道）进行简述。

　　入海水道（又称入海河流汊道）主要分布于广西沿岸南流江、钦江、茅岭江、防城河、大风江、北仑河等6条主要河流中、下游三角洲平原或冲积-海积平原地区，其余在白沙河、公馆河、闸口河、南康河、西村河、大灶江、鹿茸环江、金鼓江、黄竹江、江平河、竹排江等小溪下游亦有小型入海水道。总面积22.27 km²，占广西海陆交错带地貌成因类型的总面积3 302.63 km²的0.67%。在南流江和钦江河流中、下游由于河床坡度降低，泥沙不断淤积，加上自然水流和人类活动的共同作用，沟潮纵横，网状河道发育，河床宽数十米至千余米。如南流江下游自党江镇周边附近分为南干江、南西江、南东江和南周江等 4 条汊道入海，其中位于西部的南干江最大，下游河床宽达 300~1 000 m，如图 2-33 反映南流江下游入海河流汊道自西往东为南干江、南西江、南东江和南周江入海河口地貌分布特征。南流江下游 4 条入海水道两侧均经人工改造作用，截弯取直，并修筑有防海潮和洪水的海河堤，在堤围内的三角洲平原均已开辟为农田及养殖场。钦江下游自尖山周边附近地带向河口区分为钦江东水道、钦江中水道、钦江西水道、大榄江等 4 条水道入海。

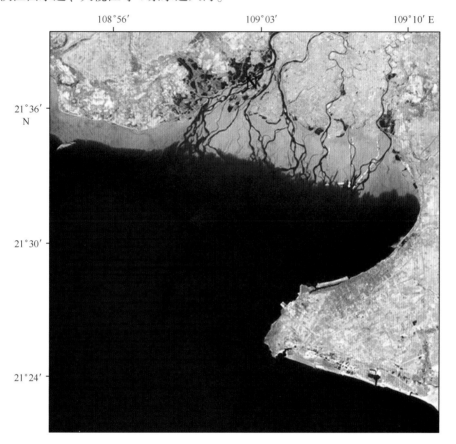

图 2-33 卫星遥感图像所反映的南流江河口地貌特征（包括河口入海汊道、河口沙坝等）

2.3.8 岩滩地貌类型及其空间分布格局

岩滩主要分布于广西沿岸西部江山半岛（曾称白龙半岛）两侧沿岸，企沙半岛东南部天堂角岬角，北海半岛西部冠头岭，铁山港湾北部基岩海岸局部岸段，犀牛脚乌雷炮台一带等地的潮间带内。岩滩地貌根据地貌形态、空间分布、成因类型、水动力作用特征可划分为海蚀阶地、古海蚀崖、海蚀崖、海蚀穴、礁石等 5 种 4 级类。

1）海蚀阶地

海蚀阶地（又称海蚀平台），是基岩海岸在海浪长期侵蚀作用下，海蚀穴崩塌、海蚀崖不断后退而形成的向海微微倾斜的平台，又称波切台。海蚀阶地主要见于广西西部江山半岛（曾称白龙半岛）两侧沿岸（图2-34），犀牛脚乌雷炮台，东部北海半岛西端冠头岭、铁山港湾北部局部岸段等地潮间带内。海蚀阶地位于潮间带中上部，退潮期间出露，涨潮期淹没，沿海岸呈狭长条带状分布，长数百米至10 km，宽10~100 m不等。

（1）江山半岛海蚀阶地

位于江山半岛（曾称白龙半岛）两侧沿岸均有分布，其海蚀阶地（海蚀平台）沿着海蚀崖脚下呈条带状分布，如图2-34所示，一般宽30~80 m不等，南岸长约5.5 km，北岸约10.5 km。海蚀阶地表面凹凸不平，表面呈锯齿状、沟槽状、阶梯状。尤其是江山半岛东南岸东头岭—水塘岭—灯架岭基岩海岸形成的海蚀阶地较为明显，如照片2-45反映了江山半岛东南岸东头岭岬角海岸锯齿、沟槽状海蚀阶地的地貌特征；照片2-46则反映了江山半岛东南岸水塘岭东南岸阶梯状海蚀阶地的地貌特征。

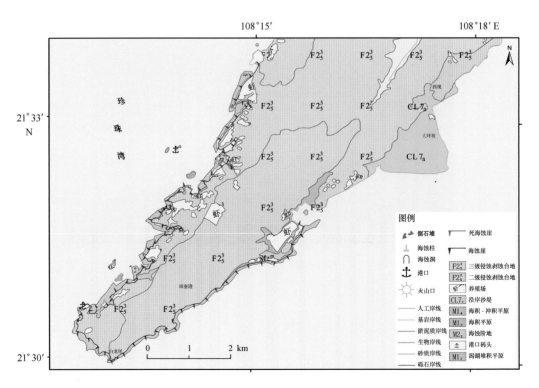

图2-34 江山半岛海岸海蚀崖下海蚀阶地呈带状沿岸分布格局

照片 2-45　江山半岛东头岭南岸锯齿、沟槽状海蚀阶地地貌特征（黎广钊摄）

照片 2-46　江山半岛东南岸水塘岭东南岸阶梯状海蚀阶地地貌特征（黎广钊摄）

（2）冠头岭海蚀阶地

位于北海半岛西部冠头岭基岩海岸，其海蚀阶地宽约 50～100 m，沿冠头岭西海岸呈长条状分布，长约 2.5 km，如前 2.3.1 节中图 2-4 所示。冠头岭海蚀阶地由于基岩岩层向岸倾斜，经波浪冲蚀形成锯齿状、鳞次栉比的小陡坎，构成阶梯状海蚀阶地，如照片 2-47 反映了北海半岛西部冠头岭南岸岬角阶梯状海蚀阶地地貌特征，其海蚀阶地可分两级，第一级大约相当于平均高潮线位置，第二级大约在特大高潮线附近，二者相差 1.5～3 m。冠头岭的海蚀阶地由志留系轻度变质砂岩、石英砂岩构成，在海蚀阶地平台上可见带状白色石英脉，如照片 2-48 显示出北海半岛西部冠头岭西岸海蚀阶地出露成群带状白色石英脉微型地貌特征；如照片 2-49 反映了在西岸基岩岬角与岬角之间的小型海湾即冠岭山庄岸段可见块状小面积的沙滩和砂砾滩地貌格局，这反映岩滩在以侵蚀为主的海岸也存着局部弯曲岸段的或暂时性的堆积作用。

照片 2-47　北海半岛西部冠头岭南岸岬角阶梯状海蚀阶地地貌特征（黎广钊摄）

照片 2-48　冠头岭西岸海蚀阶地出露成群带状白色石英脉微型地貌特征（黎广钊摄）

照片 2-49　冠头岭西岸冠岭山庄岸段岬角间的小型海湾沙滩、砂砾滩地貌（黎广钊摄）

（3）铁山港湾北部基岩海岸

铁山港湾北部潮流汊道两侧的基岩海岸海蚀阶地被薄层的淤泥质砂所覆盖，其间可见较多基岩呈块状分布，基岩表面保存较多植物穿凿的痕迹。在淤泥质砂的表面遍布蟹洞、球粒等生物活动遗迹或生长耐盐的草本植物。这类海蚀阶地具有正在开始由侵蚀转向堆积发展的过渡地貌形态，如照片2-50反映了闸口南岸海蚀阶地地貌特征。

照片2-50　铁山港湾北部基岩海岸海蚀阶地大部分面积被薄层的淤泥质砂所覆盖（黎广钊摄）

2）古海蚀崖

古海蚀崖是指现今不遭受海水波浪侵蚀的"死"海蚀崖。由北海组、湛江组地层构成的古洪积–冲积平原边缘也有一些陡崖已远离海岸，其间为宽度不等的海积平原与海隔开，此即古海蚀崖。它们分布于大风江东岸的西场及西岸的船街、岭脚一带，北海半岛南部沿岸，大墩海—沙湾—打席村、大冠沙、西村、竹林一带以及丹兜海两侧。各溺谷湾内于现今海积平原的后缘皆有陡坎，陡坎上未生长植物，有的基岩上尚保存若干海蚀痕迹，甚至保留高度相等的海水浸淹线，如铁山港东西两岸海积平原的后缘，江平东兴—带，特别是巫头、沥尾海积平原的后缘即在宽广的海积平原之后缘为侵蚀剥蚀台地的陡坎，为昔日海蚀成因，属古海蚀崖。这些古海蚀崖是冰后期最大的蚀侵作用的产物，标志着古海岸线的位置，如照片2-51反映了铁山港中部西岸红坎村古洪积–冲积平原边缘古海蚀崖（古海岸）及其前缘海积平原地貌特征。

3）海蚀崖

海蚀崖是指现今仍不断遭受波浪侵蚀的"活"海蚀崖，多见于沿岸的基岩岬角或海岛的迎风浪一侧，其形成因素是海浪长期侵蚀、冲刷和重力作用。如北海冠头岭、江山半岛等地沿岸的海蚀崖地貌十分发育。

北海半岛西部冠头岭是由志留系轻度变质的砂岩、砂质泥岩构成的侵蚀剥蚀台地，其西岸—南岸基岩海岸遭受海浪侵蚀、冲刷作用较为强烈，沿岸普遍发育以侵蚀海蚀崖，一般高10~15 m不等，最高达20 m，有的岸段海蚀崖直立，崖壁上显示出清楚的岩层斜层理特征，如照片 2-52 所示。

照片 2-51 红坎村古洪积-冲积平原边缘古海蚀崖（古海岸）及其前缘海积平原地貌特征（黎广钊摄）

照片 2-52 北海半岛西部冠头岭西岸海蚀崖及其岩层斜层理地貌特征（黎广钊摄）

江山半岛是由侏罗系粉砂质页岩、细砂岩构成的侵蚀剥蚀台地，其东南岸东头岭、水塘岭—灯架岭一带沿岸海蚀崖发育，有的海蚀崖直立、陡峭、险峻，如水塘岭南岸海蚀崖高达 20~30 m，照片 2-53 反映了水塘岭基岩海岸遭受海浪侵蚀天成悬崖陡壁、险峻的海蚀崖地貌特征。

此外，在营盘东部南康河口西岸老鸦龙村南岸是由北海组湛江组地层组成的海岸。该段海岸遭受海浪侵蚀形成活海蚀崖或海蚀陡坎。其中，活海蚀崖高 10~15 m，形成直立式状态，位于活海蚀崖剖面上部地层属于北海组棕红、砖红色泥质砂土层，下部地层属于湛江组灰白色花斑状黏土层，上、下部岩性特征清楚，反映海岸侵蚀强烈，如照片 2-54 所示。

4）海蚀穴

海蚀穴又称海蚀洞，发育于海蚀崖与海蚀阶地交界附近的海蚀崖面或海蚀崖面不

照片2-53 江山半岛水塘岭南岸海岸悬崖陡壁、险峻的海蚀崖地貌特征（黎广钊摄）

照片2-54 老鸦龙村南岸遭受海浪侵蚀形成的活海蚀崖地貌特征，其上部为北海组棕红、
砖红色泥质砂土层，下部为湛江组灰白色花斑状黏土层岩性特征（黎广钊摄）

同标高部位。该类海蚀地貌主要见于冠头岭、江山半岛沿岸。如北海市冠头岭一带的海蚀崖面上，可见到不同高度的海蚀洞分布。一般规模较小，只有深0.5 m，宽1.0 m左右，甚至更小。其中位于冠岭山庄西岸北段小型岬角基岩海岸侵蚀崖壁上，形成有两个不同形状的小型活海蚀洞，这两个小型海蚀洞现今仍在遭受海浪侵蚀。其中一个经海浪侵蚀形成在崖壁中部呈近椭圆形的小型活海蚀洞，属于高位海蚀洞，长约1.3 m，宽1.1 m，深1.8 m，如照片2-55左所示；另一个小型活海蚀洞经海浪形成于崖壁脚下，属于低位海蚀洞，其宽3.2 m，高约1.3 m、深12.0 m，如照片2-55右所示。

5）礁石

礁石是近岸潮下带岩滩中隐现水面的岩石，在基岩海岸的海蚀阶地以外海底分布的突起的基岩。礁石主要分布于钦州湾中部龙门水道两侧浅滩，如将军石、小鸦石、乱石、老鸦石、水鬼石、三块石，茅尾海南部的大茅墩、槟榔墩、红牌石、按马石，

照片 2-55 冠岭山庄西岸北段海岸侵蚀，形成高位（左）和低位（右）
活海蚀洞地貌特征（黎广钊摄）

钦州湾外湾西岸潮间带中的老鸦墩、大豪石、太坪石、峨眉月石、红墩、咸鱼墩、大墩、榄埠墩、高墩、羊奶石、外沙石，钦州湾西航道东侧小红排石、大红排石，鹿耳环江口门外西北侧浅滩的香炉墩等。

2.3.9 海滩地貌类型及其空间分布格局

海滩地貌广泛分布于西部防城港市江平、防城港西南岸大坪坡、企沙半岛南岸和东部沿岸，中部钦州市犀牛脚、大风江口东区两侧的沿岸，北海市靖海（高德）草头村—垌尾、北海半岛南、北沿岸，北海—营盘—槟榔根沿岸、沙田以东至乌泥沿岸及其潮间带区域。海滩地貌根据地貌形态、空间分布、物质组成、动力作用等特征进一步划分为：沿岸沙堤、连岛沙坝、离岸沙坝、潟湖、沙滩、水下沙坝（潮流沙脊）等6种4级类，现分别阐述如下。

1）沿岸沙堤

沿岸沙堤是分布于高潮线以上，由激浪流形成的长条垄状砂质或砂砾质堆积体。沿岸沙堤是广西海岸带砂质海岸广泛发育的地貌类型之一。广西沿岸处于华南隆起带地区的西南部，属于长期缓慢上升（稳定）性质的海岸类型，地处亚热带气候区，雨量充沛，有众多山区，中小型河流入海，沉积物中砂质所占比例较大，加之海岸曲折，波浪作用较强，极有利于沿岸沙堤发育。自晚第四纪以来形成于不同阶段的沙堤与砂质海岸占全区岸线的20%左右。东部地区营盘牛圩仔—鹿塘、山塘村—杨富村—白龙圩、福成牛角盘，北海市南岸白虎头—沙鱼湾、电白寮（电建）—大墩海、靖海（原高德）垌尾—草头村，南流江三角洲平原西侧，东山头—大山、西场沙环头，中部地区犀牛脚船厂—沙角一带，大环—外沙，西部地区企沙山新村、天堂坡、赤沙—樟木沥、江山半岛大坪坡、江平沥尾—巫头—白沙仔等岸段均有沙堤分布。尤其是江平地区、犀牛脚地区、企沙山新村—底坡等沿岸，沙堤成群出现。沿岸沙堤总面积 35.84 km²，占广西海陆交错地貌成因类型的总面积 3 302.63 km² 的 1.09%。从图 2-35 中可以清楚地看出，犀牛脚船厂—沙角形成多列沙堤，并与海积平原相间分布格局，反映了海岸堆积前展的趋势。这些沙堤与海岸和沙滩走向一致，其物质组成以石英为主，二氧化硅（SiO_2）含量均在 95% 以上，次为长石，含少量贝壳碎片及钛铁矿、白钛矿、电气石、锆石等重矿物。有些沙堤钛铁矿含量较高，可达到工业开采价值，有的沙堤石英含量很高，达 98% 以上，可作为良好的玻璃制造原料，有些沙堤砂质灰白色、白色或灰黄色、纯净、柔软，加上沙滩、沿岸林带，极具开发成高等级的滨海旅游区，如北海南岸白虎头—沙鱼湾—大墩海沙堤已开发建设成为北海银滩国家级旅游度假区，钦州三娘湾沙堤已开发为三娘湾旅游度假区，东兴沥尾沙堤中段南部已开发为沥尾金滩旅游度假区，防城港大坪坡沙堤已开发为大坪坡旅游区等。

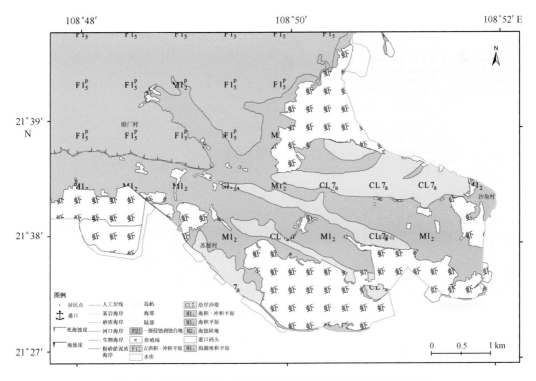

图 2-35　犀牛脚船厂—沙角多列沙堤与海积平原相间分布格局

（1）江平沿岸地区沿岸沙堤

①沙堤的基本特征

江平沿岸地区位于东兴市东南沿岸，背靠低丘陵侵蚀剥蚀台地，西南紧连北仑河口、东接珍珠湾，北有小型河流九曲江（江平河）、竹排江注入，沙堤和砂质海岸发育，沙堤成群出现，自西向东南形成有白沙仔—榕树头、巫头、沥尾等三列大型沙堤分布。这些沙堤后缘即向陆侧与潟湖（海积）平原相连，外缘即向海侧则与现代沙滩或防浪海堤相接，如图 2-36 揭示了江平地区沙坝-潟湖沉积体系平面分布格局。其中，沥尾沙堤呈东西向展布，其西端已建京岛港，东端与水下沙嘴东头沙相连，并有向东伸展趋势（照片 2-56），沙堤东端沿岸已建的护岸堤和养殖场；沥尾沙堤长 7.33 km，宽 0.2~2.7 km，平均宽度 1.17 km，沙体厚度 8~12 m。巫头沙堤东段和西端沿岸均开辟有养殖场，而南岸 50% 岸段仍为自然砂质海岸与现代沙滩相连，局部与红树林滩相连（照片 2-57）；巫头沙堤长 4.5 km，宽 0.5~1.8 km，平均宽度 1.23 km，沙体厚度5~8 m。白沙仔—榕树头沙堤南岸亦有小面积的养殖场占据，沙堤长 3.2 km，宽度 0.1~0.9 km，平均宽度 0.5 km，沙体厚度 4~7 m。这 3 列沙堤地貌规模大小、物质组成及开发利用状况详见表 2-10，其地貌形态特征参数详见表 2-11。

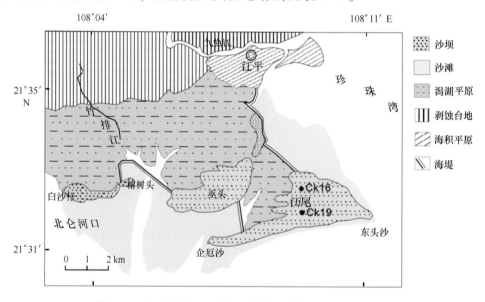

图 2-36　江平沿岸地区沙坝-潟湖沉积体系平面分布格局

照片 2-56　沥尾沙堤东头沙东端水下沙嘴向东延伸趋势地貌特征（黎广钊摄）

照片 2-57　巫头沙堤沿岸沙堤、沙滩红树林滩地貌特征（黎广钊摄）

表 2-10　东兴江平沿岸地区主要沙堤基本特征及开发状况

沙堤名称	长度/m	宽度/m	厚度/m	物质成分	开发状况
江平巫头沙堤	4 500	500~1 800	5.0~8.0	上部为灰白色、浅黄色、青灰色中细粒石英砂，往下部渐变为棕褐色、灰黑色细质中粗砂，底部为青灰、灰黑色含砾细砂，砂层中钛铁矿含量较高。砂层具水平层理、交错层理，SiO_2 含量为 95%~98%	沙堤整体上维持原状，其南部沿岸局部为养殖场。地表生长木麻黄沿岸林带
江平沴尾沙堤	7 330	200~2 700	8.0~12.0	以浅黄色、青灰色中细砂为主，底部含少量中粗砂或小砾石及少量贝壳碎片，砂层中钛铁矿含量较高，TiO_2 一般含量在 0.64%~2.68%之间。砂层具波状层理和水平层理及斜层理	沙堤南岸大部分岸段已建海堤，中部局部开发为金滩旅游度假区，西端建港口码头，东端南北两侧沿岸部分为养殖场，地表生长木麻黄沿岸林带
江平白砂仔—榕树头沙堤	3 200	100~900	4~7	以灰白色、灰色中细砂为主，含少量贝壳碎片以及少量钛铁矿，底部为灰色、青灰色细砂，含少量钛铁矿	沙堤大部分为农作物旱地，其南部沿岸局部岸段为养殖场

表 2-11　江平沿岸地区沙堤地貌形态特征参数统计表

沙堤名称	堤长/km	沙堤边缘曲折岸线长/km	沙堤平均宽度/km	长/宽比	沙体面积/km²	沙体平面形状	堤顶高程/m	沙体厚度/m	堤内平原面积/km²
沥尾沙堤	7.33	16.2	1.17	6.27	8.57	三角形	5	8~12	5.5
巫头沙堤	4.5	10.6	1.23	6.38	5.54	弯月形	6	5~8	10.0
白沙仔—榕树头沙堤	3.2	5.5	0.5	8.0	1.6	条带状	8	4~7	2.3

②沙堤沉积特征

为了揭示江平地区沙堤沉积结构、构造和沉积相序特征、地层厚度，曾在沙堤沙体打了 17 个钻孔，潟湖平原打了 16 个钻孔，共 33 个钻孔（图 2-37）。这些钻孔大部分穿透了冰后期沉积层，进入基岩风化壳，并对部分有代表性的沙堤钻孔岩心进行了粒度、矿物、微体石生物、地球化学成分及 ¹⁴C 年代等分析。结果表明，江平地区沙体群各个部位冰后期沉积层序，形成的构造和海面变动的背景基本相似，沉积层序一致，可以互相对比。江平地区沙堤沙堤垂直沉积层序，沉积层的结构和构造、沉积年代等以沥尾沙堤研究最详，根据野外调查、剖面观测和钻孔岩心的综合分析，沥尾沙体明显地存在新、老两期沙堤。老沙堤大约形成距今 8 000~3 000 年之间，新沙堤大约形成距今 2 800~1 000 年之间。现分别对新、老沙堤沉积特征阐述如下。

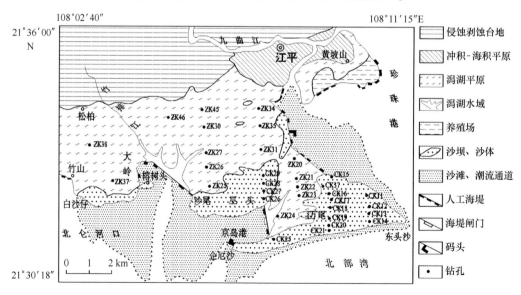

图 2-37　江平沿岸地区沙堤群地貌分布特征与钻孔位置图

A. 老沙堤沉积特征

老沙堤分布于沥尾沙堤东段的北部陈屋、莫屋一带，即 CK18 孔以北的沙坝，其与南部新沙坝的分界线较为明显，两者之间有一宽度为 30~50 m，高差 0.5~1.0 m 的低洼地带分隔。该沙体北部老沙堤共打了 CK11、CK12、CK15、CK16、CK17 等 5 个钻孔，这些钻孔最深进尺 12.5 m，最浅 8.9 m，大部分钻孔穿透冰后期沉积层，进入基岩风化层或侏罗系粗砂岩、泥岩。本区老沙堤垂直沉积特征以 CK16 孔为代表。该孔钻进深度 12.5 m，已钻穿冰后期沉积层，进入低海面时期的基岩侵蚀面，自上而下分为 7 层（图 2-38），各层的沉积特征如下。

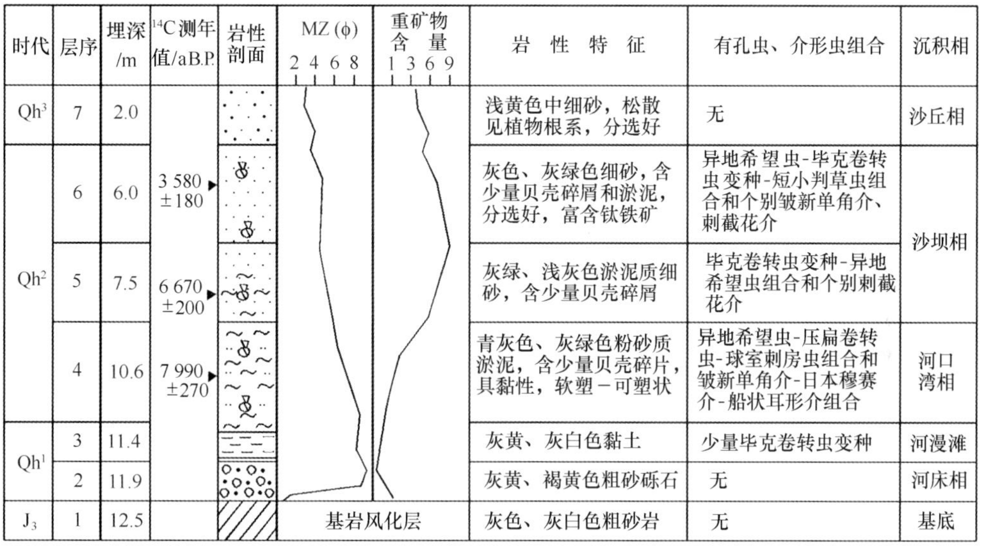

时代	层序	埋深 /m	^{14}C 测年值 /aB.P.	岩性剖面	MZ (φ) 2 4 6 8	重矿物含量 1 3 6 9	岩 性 特 征	有孔虫、介形虫组合	沉积相
Qh³	7	2.0					浅黄色中细砂，松散见植物根系，分选好	无	沙丘相
Qh²	6	6.0	3 580 ±180				灰色、灰绿色细砂，含少量贝壳碎屑和淤泥，分选好，富含钛铁矿	异地希望虫-毕克卷转虫变种-短小判草虫组合和个别皱新单角介、刺截花介	沙坝相
	5	7.5	6 670 ±200				灰绿、浅灰色淤泥质细砂，含少量贝壳碎屑	毕克卷转虫变种-异地希望虫组合和个别刺截花介	
	4	10.6	7 990 ±270				青灰色、灰绿色粉砂质淤泥，含少量贝壳碎片，具黏性，软塑-可塑状	异地希望虫-压扁卷转虫-球室刺房虫组合和皱新单角介-日本穆赛介-船状耳形介组合	河口湾相
Qh¹	3	11.4					灰黄、灰白色黏土	少量毕克卷转虫变种	河漫滩
	2	11.9					灰黄、褐黄色粗砂砾石	无	河床相
J₃	1	12.5		基岩风化层			灰色、灰白色粗砂岩	无	基底

图 2-38　汹尾沙体老沙堤 CK16 孔岩心综合分析剖面图（据黎广钊，1999）

层序 7：埋深 0.0~2.0 m。浅黄色中细砂。其中细砂含量居首，占 75.4%，中砂次之，占 16.9%，含少量粗砂和小砾石，分别占 3.06% 和 4.64%。平均粒径为 2.42φ，分选好，标准偏差为 0.3。沉积物中的碎屑重矿物含量在 2.9%~4.5% 之间，主要矿物为钛铁矿、锆石。本层结构松散，未见微体生物化石，仅含少量植物碎屑，反映滨海沙丘相沉积，属全新世晚期。

层序 6：埋深 2.0~6.0 m。浅灰、灰绿色细砂，含少量贝壳碎屑和淤泥。其中，细砂占绝对优势，占 85.06%，粉砂和中砂含量较少，分别占 9.2% 和 5.74%。平均粒径为 2.34φ，分选好，标准偏差为 -0.10。碎屑重矿物含量较高，一般在 3.19%~6.5% 之间，最高在 8.9%，以钛铁矿为主，锆石、电气石次之，属钛铁矿富矿层。沉积物中有孔虫化石壳体受到强烈磨损，主要属种有异地希望虫（Elphidium advenum）、简单希望虫（E. simplex）、毕克卷转虫变种（Ammonia beccarii var.）、压扁卷转虫（A. compressiuscula）、短小判草虫（Brizalina abbreviata）等。介形虫数量很小，仅见个别皱新单角介（Neomonocereatina crispata）、刺截花介（Sitigmatoc ythere spinosa）。该层有孔虫组合为异地希望虫-毕克卷转虫变种-短小判草虫组合。本层沉积结构层理清楚，具水平层理、楔状交错层理，反映海滩沙坝相沉积环境。位于埋深 3.0～3.3 m 处，^{14}C 测定年代为（3 580±180）aB. P.，属中全新世晚期。

层序 5：埋深 6.0～7.5 m。灰绿、浅灰色淤泥质细砂，含少量贝壳碎屑。其中以细砂为主，含量为 55.3%，其次为黏土，占 23.7%，再者为粉砂，占 11.2%，并含少量粗砂和小砾石，分别占 4.5% 和 2.3%。沉积物平均粒径为 4.50φ，分选差，标准偏差为 3.26。重矿物含量比上层显著减少，为 1.5%～3.8%，主要矿物与上层基本相同。沉积物中含有孔虫化石，以异地希望虫、毕克卷转虫变种占优势，其余特征种还有简单希望虫、压扁卷转虫等；介形虫含量很少，仅见个别刺截花介、船状耳形介（Aurila-cymba）等。本层有孔虫组合为毕克卷转虫变种-异地希望虫组合。此层的层理构造明显，具斜层理、楔状交错层理，为海滩沉积物构造特征，反映沙堤相沉积环境。但于埋深 6.5～6.8 m 处，^{14}C 测定年代为（6 670±200）aB. P.，属中全新世早期。

层序 4：埋深 7.5～10.6 m。灰绿色、青灰色粉砂质淤泥，含少量贝壳碎片。其中，黏土含量最多，占 41.49%，粉砂次之，占 30.04%，第三为细砂，占 23.5%，中砂和粗砂含量较少，分别占 2.31% 和 2.63%。沉积物平均粒径为 6.90φ，分选差，标准偏差为 -0.2。沉积层中碎屑重矿物含量极少，仅为 0.2%～1.0% 之间。该层有孔虫含量丰富，每 50 g 干样含 150 枚左右，优势种为异地希望虫、压扁卷转虫、球室刺房虫（Schackoinella globosa）、简单希望虫、亚洲希望虫（Elphidium asiatium）、逢裂希望虫（E. magellanicum）、毕克卷转虫变种、美丽花朵虫（Florilus decorus）、透明蓬口虫（Fissurina lucida）、太平洋罗斯虫（Reussurina pacifica）、瓶虫（Lagena spp.）、五玦虫（Quimqueloculina spp.）等 20 余种。介形虫化石有皱新单角介、日本穆赛介（Museyella japanica）、似齿似小克利介（Parakrittella spseudadonta）、船状耳形介、纤细陈氏虫介（Tanella gracilis）等。有孔虫组合为异地希望虫-压扁卷转虫-球室刺房虫组合。介形虫组合为皱新单角介-日本穆赛介-船状耳形介组合。该层沉积构造具波状层理、透镜状层理、水平层理等。根据本层有孔虫、介形虫化石群组合特征，结合岩性沉积构造和结构特点，本层反映河口海湾沉积环境。在埋深 8.2～8.5 m 处，^{14}C 测定年代为（7 990±270）aB. P.，属中全新世早期。

层序 3：埋深 10.6～11.4 m。灰黄、灰白、紫红色等杂色黏土。具黏性、软塑-可塑状，下部含灰黑色条带状腐植质，最大直径达 1.0 cm，含少量毕克卷转虫变种小个体，代表河口河漫滩沉积环境，属早全新世晚期。

层序 2：埋深 11.4～11.9 m。灰白、灰黄、黄褐、紫红色粗砂砾石层，砾径多在 2～4 mm，最大达 4 cm，次棱角状居多，分选极差，粒径小于 2 mm 的粒级约占 50%。该层与下伏风化粗砂岩层呈不整合接触，属于早全新世早期海进河床沉积。

层序 1：埋深 11.9～12.5 m。灰白、灰白色粗砂岩，为基岩风化层。根据岩性特征和岩石结构及本区出露的地层比对，属上侏罗系。

B. 新沙堤沉积特征

新沙堤位于沥尾沙体南部，与北部老沙堤连接，自西端企厄沙（京岛港码头）至东端东头沙，呈东西向延伸，长 7.33 km，宽约 0.5 km。在新沙堤上打了 CK13、K14、CK18、C19、CK20、CK21、CK21、CK25 等 7 个钻孔，这些钻孔最深进尺 14.9 m，最浅为 9.5 m，其中 4 个钻孔已钻穿冰后期沉积层，进入侏罗系基岩风化层或侏罗系砂岩。现以 CK19 孔为代表，其岩心长 14.9 m，根据岩心的粒度、矿物、微体古生物及 ^{14}C 年代测定等综合分析的结果，结合岩层构造及岩性特点，自上而下划分 6 层（图 2-39）。

时代	层序	埋深	^{14}C测年值/aB.P.	岩性剖面	岩 性 特 征	有孔虫、介形虫组合	沉积相
	6	2.5			土黄色中细砂，分选好，含少量钛矿等，结构松散	无	沙丘相
Qh³	5	5.4	1 070 ±155		青灰色细砂，含少量贝壳碎屑和钛铁矿，分选好	异地希望虫-压扁卷转虫组合和皱新单角介-日本穆赛介组合	沙坝相
	4	8.3	2 300 ±170		青灰色粉砂质细砂，含少量贝壳碎屑和钛铁矿，分选好	毕克卷转虫变种-异地希望虫-三玦虫组合和日本库土曼介-中国弯背介-美山双角花介组合	
Qh²	3	10.8			灰色、青灰色黏土质砂，含少量贝壳矿版，分选差	日本半泽虫-异地希望虫-毕克卷转虫变种组合和船状耳形介-多皱花花介-日本穆赛介组合	近岸浅海相
Qh¹	2	11.7			棕红、黄褐、灰白色黏土	基岩风化黏土层，无生物化石	陆相
J₃	1	14.9			棕红色泥岩	基岩	

图 2-39　沥尾沙体新沙堤 CK19 孔岩心综合分析剖面图（据黎广钊，1999）

层序 6：埋深 0~2.5 m。土黄、灰黄色中细砂，结构松散。其中细砂含量最多，占 58.78%，中砂次之，占 19.04%，再者为粉砂，占 15.28%，粗砂和砾石含量较少，分别占 6.25% 和 1.24%。平均粒径为 2.50φ，分选好，标准偏差 -0.09。碎屑重矿物含量在 1.68%~3.98% 之间，以钛铁矿为主，次为锆石、金红石、锐钛矿、白钛矿、独居石、磁铁矿等。无生物化石，反映海滨风成沙丘沉积，属全新世晚期。

层序 5：埋深 2.5~5.4 m。灰色、青灰色细砂，含少量贝壳碎屑。细砂占优势，占 69.64%，次为中砂和粉砂，分别占 12.24% 和 12.82%，含少量粗砂，占 4.58%，个别小砾石，仅占 0.72%，平均粒径为 2.95φ，砂层中碎屑重矿物含量较高，一船含量在 2.5%~7.5% 之间，最高达 9.3%，矿种和上层相同。砂层中有孔虫含量一般，每 50 g 干样含 20~100 枚不等，优势种为异地希望虫、压扁卷转虫，其余特征种有三棱三玦虫（*Triloculina trigomula*）、半缺五玦虫（*Quinqueloculina seminula*）、缘刺仿轮虫

（*Pararotalia armata*）等10余种，介形虫较少，每50 g干样仅含量20瓣左右，主要属种为皱新单角介、日本穆赛介、美山双角花介（*Bicornucythere bisanensis*）等。该层有孔虫组合为异地希望虫-压扁卷转虫组合，介形虫为皱新单角介-日本穆赛介组合。砂层具斜层理、楔状交错层理。根据岩性、粒度、矿物、微体古生物及沉积构造特征，该层反映海滩沙坝沉积环境。位于埋深4.5~4.8 m的^{14}C测定年代为（1 070±155）aB. P.，属晚全新世中期。

层序4：埋深5.4~8.3 m。青灰色粉砂质细砂，含少量贝壳碎屑。其中，细砂含量居首，达72.70%，其次为粉砂，占23.4%，中砂和粗砂含量较少，分别占2.54%和1.36%。平均粒径为3.56φ，分选差，标准偏差为-0.20。碎屑重矿物含量在2.23%~3.56%之间。砂层中有孔虫含量较为丰富，每50 g干样中含有孔虫个数为60~150枚不等。优势种有毕克卷转虫变种、异地希望虫、三玦虫，其余特征有短小判草虫、条纹判草虫（*Brizalian striatula*）、简单希望虫、茸毛希望虫（*Elphidium hispidulum*）、亚洲希望虫、压扁卷转虫、瓶虫、光滑抱球虫（*Spiroloulina taevigat*）、普通抱环虫（*S. communis*）、五玦虫诸种（*Quinqueliculina* spp.）、太平洋罗斯虫等20多种。介形虫含量较小，每50 g干样中仅见20多瓣，主要属种为日本库土曼介、美山双角花介、中国弯背介（*Loxoconcha sinensi*）、长库土曼介（*C. elongata*）、花井半尾花介（*Semicytherura hansii*）、隆起角科金坡介（*Cornucoquimba gibba*）等。该层具水平层理、楔状交错层理，有孔虫组合为毕克卷转虫-异地希望虫-三玦虫组合，介形虫为日本库士曼介-美山双角花介-中国弯背介组合，结合岩性和沉积结构特征，反映海滩沙坝沉积环境。本层位于埋深7.10~7.50 m处，^{14}C年代测定为（2 300±170）aB. P.，属晚全新世早期。

层序3：埋深8.3~10.8 m。灰色、青灰色黏土质砂，含少量贝壳碎片。其中，中砂含量居首，占35.97%，其次为黏土，占22.0%，细砂占12.5%，粉砂占7.11%，并含少量小砾石，为4.2%。平均粒径为3.57φ，分选差，标准偏差为1.3。砂层中碎屑重矿物含量在0.52%~1.7%之间。本层有孔虫含量丰富，每50 g干样中含100~150枚不等，优势种为日本半泽虫、异地希望虫、毕克卷转虫变种，其余特征种有阿卡尼五玦虫圆形亚种（*Quinqueloculina akneriana rotunda*）、热带五玦虫相似种（*Q.* cf. *tropicalis*）、三玦虫、光滑抱环虫、条纹判草虫、短小判草虫、瓶虫、逢口虫、球室刺房虫、筛九字虫（*Cribrononion* sp.）、亚洲希望虫、简单希望虫、压扁卷转虫等25种，介形虫含量一般，是介形虫含量最多的一层，每50 g干样含50瓣左右，优势种不明显，特征种有船状耳形介（*C. asianica*）、隆起角科金坡介、日本库士曼介、三角库士曼介（*Cushnanidea triangulata*）、形半尾花介（*Hemicytherura cuneata*）等10余种，并含少量海胆刺。本层具波状层理、透镜状层理、水平层理，有孔虫为日本半泽虫-异地希望虫-毕克卷转虫变种组合，介形虫为船状耳形介-多皱花花介-日本穆赛介组合，反映近岸浅海沉积环境，属全新世中期。

层序 2：埋深 10.8~11.7 m。棕红、黄褐、灰白色基岩风化黏土，由上侏罗统泥岩风化而成，属全新世早期低海面时期的产物。

层序 1：埋深 11.7~14.9 m。棕红色泥岩，为上侏罗统地层。

③沙堤沉积相序及年代

A. 沉积相序

江平沿岸地区沙堤沙体的沉积相序自下而上为：基岩侵蚀面→河床、河漫滩相→河口湾或近岸浅海相→滨外沙坝相、半封闭潟湖相→风成沙丘、封闭充填潟湖沼泽相。这反映了江平地区在冰后期海进时仅形成海进河床充填层序，未发现海进沙堤的沉积层序，在海退时却发育了典型的海退沙堤的沉积层序。因此，江平地区属于海退型，其沉积层的下伏层为河口湾相或近岸浅海相，上覆风成沙丘相或封闭充填潟湖沼泽相。

B. 沙堤形成年代

江平沿岸地区沙堤形成的年代根据 6 个钻孔剖面 9 个 ^{14}C 年代测定数据（表 2-12）分析，最早的为 CK31 孔埋深 9.3 m 处的 ^{14}C 测定代为（13 420±390）aB. P.。其次为 CK26 孔，埋深 6.7 m 处的 ^{14}C 测定代为（8 520±280）aB. P.，CK16 孔埋深 8.5 m 处的 ^{14}C 测定代为（7 990±270）aB. P.。这些年代早于 6 670 aB. P. 的样品均是埋藏在沙坝之下，说明本区沙坝-潟湖约在（6 670±200）aB. P. 开始形成。这些沙堤均位于靠陆一侧，沙坝上部的贝壳砂实测年代为（3 580±180）aB. P.，表明靠近陆侧的沙堤形成于 6 670~3 600 aB. P.，本书称为"老沙堤"。近海沙堤中 CK19 孔埋深 7.2~7.5 m 处的贝壳砂的 ^{14}C 测年值（2 300±170）aB. P.，埋深 4.5~4.8 m 处贝壳砂为（1 070±155）aB. P.，CK20 孔埋深 7.0~7.5 m 处的贝壳砂为（2 260±170）aB. P.，表明近海沙堤形成的年代为（2 300±1 000）aB. P.，本书称这为"新沙堤"。这与江苏全新世最早的沙堤形成于（6 539±790）aB. P.，最新的沙堤形成于（1 150±60）aB. P.，广东沿海已知最早的沙堤形成于（5 520±130）aB. P.，新沙堤形成于（2 273±180）~（625±65）aB. P.，基本接近。

表 2-12　江平沿岸地区沙堤群 ^{14}C 年代测定数据统计表

序号	地点	样品	埋深/m	标高/m	时代	年龄/aB. P.	测试单位
1	沥尾沙堤	泥炭	9.1~9.3	-7.1	Qh^1	13 420±390	广州地理所
2	巫头沙堤 CK26	砂质淤泥	6.4~6.75	-3.5	Qh^2	8 520±280	贵阳地化所
3	沥尾沙堤 CK16（下）	含贝壳砂质淤泥	8.2~8.5	-5.5	Qh^2	7 990±270	贵阳地化所
4	沥尾沙堤 CK16（中）	贝壳砂	6.5~6.8	-3.0	Qh^2	6 670±200	贵阳地化所
5	沥尾沙堤 CK16（上）	含贝壳泥质砂	3.0~3.3	-0.5	Qh^2	3 580±180	贵阳地化所
6	沥尾东沙嘴	草屑	0.3~0.5	-0.1	Qh^3	2 670±90	广州地理所
7	沥尾沙堤 CK19（下）	含贝壳泥质砂	7.1~7.5	-2.5	Qh^3	2 300±170	贵阳地化所
8	沥尾沙堤 CK20	含贝壳粉细砂	7.2~7.5	-4.5	Qh^3	2 260±170	贵阳地化所
9	沥尾内侧潟湖	淤泥	0.2~0.4	+1.0	Qh^3	1 800±80	贵阳地化所
10	沥尾沙堤 CK19（上）	含贝壳碎屑砂	4.5~4.8	+1.5	Qh^3	1 070±155	贵阳地化所

④沙堤发育的基底特征

大量钻孔和野外调查资料表明，江平地区沙堤、海积（潟湖）平原发育于一片起伏不平的基岩侵蚀面之上，巫头沙体内侧潟湖平原的地表局部可见棕红、黄绿、褐黄、灰白等杂色的基岩强烈风化物，大部分平原在基岩风化层之上仅覆盖 0.4~1.0 m 厚的浅灰黄色泥质砂或砂质淤泥的潟湖沼泽沉积。沥尾沙堤-海积平原沙体中莫屋附近的钻孔揭示，在高潮位以下 10 m 左右可见到基岩风化的杂色砂质黏土。同时，在江平镇以东的黄坡山、山新一带，标高 8~10 m 的低缓平坦的高地均为侏罗系长石、石英砂岩、粉砂岩风化层组成。由此可见，江平地区沙堤-海积平原发育于大片地形起伏、向海微倾斜的基岩侵蚀面，即最后一次冰期低海面时期的古地面之上。

（2）犀牛脚沿岸地区沙堤

①沙堤的基本特征

犀牛脚地区在大环—外沙、中间沙、船厂街—沙角等地一带均有沙堤分布，尤其是位于大风江口西岸船厂村至沙角一带沙堤成群出现（图 2-40，表 2-12），北界起自船厂村、岭脚村、大田坪、后背海、沙角，南界至苏屋村、邓屋村、三墩村一带人工海堤边缘。其中主要沙堤有 4 列（表 2-13）。从图 2-40 中可以看出，第一列沙堤自岭脚村经依亚根、沙角村至沙角，在后背海一带出现向东延伸的羽状沙嘴，在东南末端沙角处亦有向南弯曲伸展趋势，沙嘴向海堆积，至红树林滩边缘。这种地貌形态反映沙堤自西向东伸展的过程；第二列沙堤自岭脚村经老爷村至车带山，再向东南方向伸展，其末端也有向东北弯转的沙嘴形成。两列沙堤的西端均起始于北海组、湛江组构

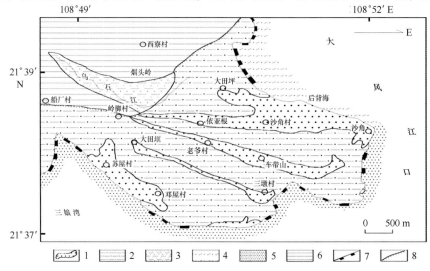

图 2-40　犀牛脚船厂—沙角沙堤群空间分布特征

1. 沙坝，2. 海积平原，3. 冲积平原，4. 砂质淤泥滩，5. 沙滩，
6. 古洪积-冲积平原，7. 石质海堤，8. 古海岸线

成的古洪积-冲积台地边缘（古海岸线）的古海蚀崖。这种侵蚀与堆积地形的地貌形态，说明了沙堤的物质来源于北海组、湛江组的侵蚀。南部第三、四列沙堤呈断续分布。这4列沙堤的走向由北向南逐渐变化，自第一列近东西向，至第四列苏屋村—邓屋村沙堤呈东南向展布，它们在平面上呈现出西端收缩、东南端则张开之势。这些沙堤组成物质系为灰色、浅黄色中粗粒、中细粒石英砂，砂层中富含钛铁矿。犀牛脚船厂村—沙角一带的沙堤群构成了这里的海积平原的骨架，并揭示了海积平原的发育过程。

表 2-13　犀牛脚沿岸地区主要沙堤基本特征及开发状况

沙堤名称	长度/m	宽度/m	厚度/m	物质成分	开发状况
依亚根—沙角沙堤	3 500	400	8.0	浅黄色、褐黄色中粗砂，含少量贝壳碎片和钛铁矿	基本维持沙堤原状，地表主要为木麻黄林带
老爷—车带山沙堤	2 500	200	4.0~6.0	浅黄色、灰色、灰白色中细砂，含少量贝壳碎屑、钛铁矿丰富	地表为村庄和农作物旱地及树林带
大田垇—中三墩沙堤	2 500	100	7.4	灰白色、浅黄色中细砂，含较多贝壳碎屑，并含少量钛铁矿	地表为村庄和农作物旱地及树林带
苏屋村—邓屋村沙堤	1 500	250	6.2	浅黄色、青灰色中细砂，含少量细砾和贝壳碎屑，并含少量黑色重矿物	地表主要为村庄和农作物旱地
外沙—大环沙堤	3 500	70	8.5	浅黄色、灰白色中粗砂，含有较多细砾和贝壳碎片，并含少量钛铁矿	基本维持沙堤原状，沙堤内侧已修建滨海公路。地表生长木麻黄沿岸林带
犀牛脚中间砂沙堤	1 000	250	7.75	浅黄色、灰黄色粗中砂，含有细砾和少量贝壳碎片	已开发为居民区

②沙堤形成年代

犀牛脚沿岸地区沙堤形成地质时代，根据沙角沙堤和外沙沙堤内侧潟湖相砂质淤泥的^{14}C测年结果，其年代在（1 700±150）~（3 410±130）aB. P.，说明为全新世中、晚期形成（表2-14）。

表 2-14　犀牛脚沿岸地区沙堤^{14}C 年代测定数据统计表

序号	地点	样品	埋深/m	时代	年龄/aB. P.	测试单位
1	沙角沙堤内侧	砂质淤泥	0.370	Qh^3	1 700±150	青岛海洋地质所
2	沙角沙堤内侧	砂质淤泥	1.30	Qh^3	1 840±70	青岛海洋地质所
3	外沙沙堤内侧	砂质淤泥	0.50	Qh^3	2 250±190	青岛海洋地质所
4	外沙沙堤内侧	砂质淤泥	1.30	Qh^2	3 410±130	青岛海洋地质所

（3）北海沿岸地区的沙堤

①沙堤的基本特征

北海沿岸地区的沙堤主要分布于东北岸草头村—垌尾，南岸的大墩海—电白寮、沙鱼湾—白虎头，福成牛角盘、营盘白龙—杨富村、黑泥—牛圩仔等地（表2-15）。它们一般海拔约2~4 m，长度为0.3~6.0 km，宽度约30~500 m不等，其物质组成为灰白、白色、浅黄色中细砂或粗砂，分选好，砂质纯，石英含量相当高。如沙鱼湾—白虎头沙堤、大墩海—电白寮沙堤，主要为细砂和中砂，主要粒级（0.1~0.75 mm）分别占90%和85%以上，高德草头村—垌尾沙堤则以中粗砂为主。这些沙堤的石英（SiO_2）含量均在98%以上，其中沙鱼湾—白虎头沙堤的石英含量为98.66%，大墩海—电白寮沙堤为98.74%，草头村—垌尾沙堤为98.40%。北海地区沙堤的规模大小、物质组成详见表2-15。北海地区的沙堤作为滨海旅游区开发程度较高，尤其是沙鱼湾—白虎头沙堤已全部开发为"北海银滩国家级旅游区"，建设有银滩公园、浴场、海滩公园、宾馆、别墅等，大墩海—电白寮沙堤已开发为港口码头、海景大道、养殖场、度假区、宾馆等，这两道沙堤的自然地貌景观已不复存在，仅在电建港南岸出海口航道防波堤西侧岸段可见沙堤边缘的自然地貌景观（照片2-58）。

表2-15 北海沿岸地区主要沙堤基本特征及开发状况

沙堤名称	长度 /m	宽度 /m	厚度 /m	物质成分	开发状况
大墩海—电白寮（电建渔港）沙堤	5 750	290	4.5~5.0	白色、土黄色中细粒石英砂，呈滚圆状，以细砂为主，中粗砂次之。含少量贝壳碎片和黑色钛铁矿。水平层理和交错层理发育，石英含量为98.74%	海景大道、港口码头、养殖场、旅游休闲、宾馆等
沙鱼湾—白虎头沙堤	3 750	400~500	5.3	白色、灰白色细粒石英砂，呈滚圆状、分选性好，砂质纯净，以细砂为主，含少量中砂。具清析的水平层理和交错层理，石英含量为98.66%	国家级北海银滩旅游度假区、海水浴场、木麻黄防护林、旅游休闲地、宾馆等
高德草头村—垌尾沙堤	1 800	150~300	2.8	灰黄色、白色石英砂为主，少量为灰黑色。呈滚圆状、地表多为细粒，下部为粗粒和小砾石，含铁铁矿，层理清楚，石英含量为98.40%	基本维持沙堤原状，地表为木麻黄和桉树防护林，沙堤内侧潟湖和外侧东段海滩均开辟为养殖场
福成牛角盘沙堤	1 750	150	2.0~3.0	土黄色、白色中细粒石英砂为主，少量砾石，含较多贝壳碎片和丰富的铁铁矿。沙堤呈分支状	基本维持沙堤原状，地表为农作物旱地及沿岸防护林带
营盘黑泥—牛圩仔沙堤	400	300	3.0	沙堤呈南高北低，中间有低洼地带，以土黄色、灰白色中细粒石英砂为主，含少量砾石和粗砂。低洼地段含泥质，具清析水平层理	基本维持沙堤原状，地表为农作物旱地及沿岸防护林带

照片 2-58　电建港南岸出海口航道防波堤西侧沙堤边缘的自然地貌特征（黎广钊摄）

　　北海沿岸地区营盘镇青山头—后塘—玉塘—马路口—槟榔根一带沿岸和沙田—东路口—耙朋—中堂一带沿岸的沙堤很窄小，宽度仅 20~80 m 不等，沙堤或沙滩后缘为北海组或湛江组侵蚀陡坎，而前缘则为潮间沙滩（照片 2-59，照片 2-60）。

照片 2-59　营盘镇东部后塘南岸沙滩与其后缘北海组地层侵蚀陡坎地貌景观（黎广钊摄）

照片 2-60　沙田镇东部耙朋村南岸沙滩与其后缘北海组地层陡坎地貌景观

②沙堤形成年代

北海沿岸地区沙堤形成年代，根据沙湾、打席村、垌尾、七星江、竹林、白虎头等沙堤的^{14}C年代测年结果，其年代在（4 840±100）~（13 510±170）aB.P.，反映其形成年代为早全新世—中全新世（表2-16）。

表2-16　北海沿岸地区沙堤^{14}C年代测定数据统计表

序号	地点	样品	埋深/m	标高/m	时代	年龄/aB.P.	测试单位
1	沙湾沙堤D2孔	炭质黏土	6.50		Qh^2	7 987±100	桂林岩熔地质研究所
2	打席村沙堤158孔上	炭质黏土	0.80		Qh^2	7 143±140	桂林岩熔地质研究所
3	打席村沙堤158孔下	淤泥	3.50		Qh^2	9 343±160	桂林岩熔地质研究所
4	七星江水坝	炭质粉砂	3.0	+2.1	Qh^1	12 020±150	桂林岩熔地质研究所
5	七星江水坝	炭质粉砂	3.5	+1.6	Qh^1	13 510±170	桂林岩熔地质研究所
6	福成竹林沙堤竹01	贝壳	0.45	0.55	Qh^2	4 840±100	广州地理所
7	福成竹林沙堤竹01	贝壳	1.0	0.0	Qh^2	6 230±130	广州地理所
8	北海白虎头海滩上	黏土	0.4	+2.60	Qh^2	7 080±100	广州地理所
9	北海白虎头海滩下	泥炭	1.20	+1.80	Qh^2	7 360±110	广州地理所
10	北海沙湾沙堤	炭质黏土	3.50	+1.50	Qh^2	7 987±120	桂林岩熔地质研究所
11	北海垌尾沙堤	泥质砂	9.50		Qh^2	7 100±350	中科院地质所

（4）企沙沿岸地区的沙堤

①沙堤的基本特征

企沙半岛南岸天堂坡及东岸山新村一带的沙堤也较为发育，有的已受到风的改造，沙堤中的石英砂含量亦很高，其中山新村沙堤的石英（SiO_2）含量高达99.1%，是很好的玻璃工业原料。目前，企沙天堂坡沙堤受到海浪严重侵蚀，在天堂坡村东南岸沙堤被侵蚀形成高2~3 m的陡坎，树根裸露（照片2-61），在沙堤中部已开辟为高位池

照片2-61　天堂坡村东南岸沙堤被侵蚀形成陡坎，树根裸露地貌特征（黎广钊摄）

养殖场。山新村沿岸沙堤近年来遭受海浪侵蚀较为严重，造成海岸防护林树木树根裸露，有的树木树根翻倒，有的树木遭受侵蚀后导致树根全裸而枯死，海岸后退明显（照片2-62）。该处海岸后退距离一般为1.2～2.6 m，最大后退距离达4.3 m。上述两沙堤的规模大小、物质组成特征如表2-17所示。

照片2-62　山新村沙堤海岸侵蚀后退、树根裸露、翻倒、枯死地貌现象（黎广钊摄）

表2-17　企沙沿岸地区主要沙堤基本特征及开发状况

沙堤名称	长度/m	宽度/m	厚度/m	物质成分	开发状况
企沙赤沙—樟木万沙堤	2 000	60～250	2.0	黄色、褐黄色石英中细砂，中粗砂，石英含量为95%～97%。含少量贝壳碎屑和钛铁矿和锆石等重矿物	目前基本维持沙堤原状，地表生长茂密的木麻黄沿岸林带
企沙山新村沙堤	2 000	100～400	1.5	以白色、浅黄色、黄色3种石英砂为主，含少量中粗砂。其中白色石英砂分布在中部，浅黄色、黄色石英砂分布在底部和两侧。石英砂呈滚圆状，粒径0.25～0.094 mm占99.12%，石英含量为99.1%	目前基本维持沙堤原状，地表生长木麻黄沿岸林带
企沙天堂坡沙堤	1 100	400	5.0～6.0	以白色、灰白色细、中粒石英砂为主，含少量中粗砂	局部开发为养殖场和旅游休闲场所。地表为木麻黄沿岸林带
白龙半岛大坪坡沙堤	2 800	50～1 200	2～4	上部以灰色、灰白色、浅黄色中细砂为主，含少量钛铁矿，底部为灰色、青灰色细粒砂	目前局部已开发为大坪坡旅游区，沙堤整体上基本维持原状

②沙堤形成年代

企沙沿岸地区沙堤形成年代，根据樟木沥、大坪坡等沙堤的^{14}C年代测年结果，其年代在（283±60）~（11 740±380）aB. P.，反映企沙地区的沙堤形成于晚更新世至全新世晚期的不同时期（表2-18）。

表2-18 企沙沿岸地区沙堤^{14}C年代测定数据统计表

序号	地点	样品	埋深/m	标高/m	时代	年龄/aB. P.	测试单位
1	大坪坡剖面1	贝壳	0.9		Qh³	283±60	桂林岩熔地质研究所
2	大坪坡15孔	贝壳	6.50		Qh³	962±60	桂林岩熔地质研究所
3	大坪坡剖面4	腐植质砂	0.70		Qh³	1 114±110	桂林岩熔地质研究所
4	大坪坡16孔	贝壳	9.70		Qh³	2 449±240	桂林岩熔地质研究所
5	樟木沥剖面3	贝壳	1.50		Qh³	1 025±50	桂林岩熔地质研究所
6	大坪坡剖面12	粉砂细砂	0.80		Qh¹	11 740±380	桂林岩熔地质研究所
7	天堂坡26	粉砂土	10.5	−5.5	Qp³	36 200±740	国家海洋局二所

2）连岛沙坝

由波浪形成的连接岛屿与岛屿或岛屿与大陆的松散的砂质或砂砾质堆积体。广西沿岸连岛沙坝主要见于西部企沙半岛西南的赤沙—樟木沥和中部犀牛脚的外沙—大环一带。

赤沙、樟木沥一带的连岛沙坝西起高岭仔（防城港电厂），东南至拉鸡村、大山嘴，由3条沙坝与潟湖平原相间排列（图2-41）。其中北部沙坝近东西向展布，长约1.5 km，宽约180 m。中间一条西自高岭仔，向东南延伸经杨屋至拉鸡村一带的基岩侵蚀剥蚀台地，沙坝长约2.2 km，宽约120~250 m。南部的沙坝西起高岭仔，向东南经樟木沥至大山嘴侵蚀剥蚀台地，沙坝长2.8 km，宽120~180 m。赤沙、樟木沥连岛沙坝分布状况与西南强向风浪垂直，向岸流作用强，促使泥沙做横向运动向岸不断堆积形成现今连岛沙坝群的地貌态势。目前位于赤沙沿岸沙堤及部分潟湖平原已开发建成防城港电厂及公路，沙坝间的潟湖平原已开辟为农田和耕地。南部樟木沥沙坝沿岸出现海浪侵蚀的地貌现象，沿岸树根裸露明显，海岸后退明显（照片2-63）。犀牛脚外沙—大环连岛沙坝中外沙沙坝自西北车背岭大环沙坝南端向东伸展，并向东南方向弯曲至冇头鬼岭，长约3.0 km，宽约100 m，外沙沙体呈弯月形向南发育与月亮湾沙滩连接（照片2-64），由浅黄、灰白色中砂和中粗砂组成，砂层中含少量细砂和贝壳碎屑。外沙沙坝在西端车背岭与近南北向的大环沙坝相连而构成镰刀状的连岛沙坝，如前面所述海积平原与沙坝关系，连岛沙坝与人工海堤围成大片的海积平原。该连岛沙坝仅在大环沙岛的南侧发育，而北侧则为宽阔的海积平原，这可能由于北面大灶江口水域狭窄，波浪作用小而无条件形成沙坝，经人工修筑堤坝与大环—外沙连岛沙坝之间成为海积平原，目前已开辟为盐田和养殖场。

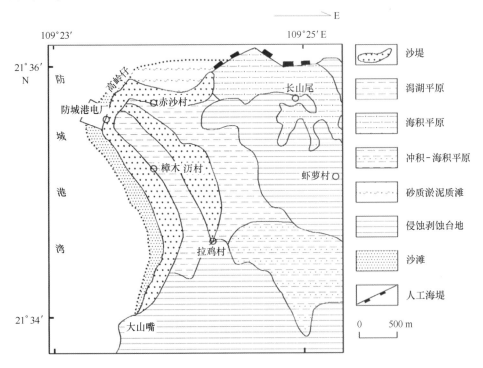

图 2-41　企沙半岛樟木沥—赤沙连岛沙堤空间分布特征

照片 2-63　赤沙连岛沙坝（防城港电厂）南侧海岸侵蚀后退、形成陡坎、树根裸露地貌（黎广钊摄）

3）离岸沙坝

离岸沙体。广西沿岸离岸沙坝仅见于高德外沙。该离岸沙坝的走向与海岸线平行，其间有狭窄的潟湖水域，与海岸隔开。高德外沙沙坝长约 1.7 km，宽 100~230 m，高出海平面 6~7 m。沙坝由浅黄、灰白色中粗砂组成，含有小砾石和贝壳碎屑。该离岸

照片2-64　犀牛脚大环—外沙沙坝呈弯月形与月亮湾沙滩连接的地貌特征（黎广钊摄）

沙坝北岸已开辟建设海景大道（照片2-65），沙坝内侧潟湖开辟小型渔港和养殖场。该离岸沙坝为北海组湛江组古洪积-冲积台地陡坎的基础上堆积向海延伸出来的，从其形态特征与其内侧潟湖后缘的陡坎可见到湛江组花斑状黏土出露。

照片2-65　高德外沙离岸沙坝及其北岸海景大道地貌景观（黎广钊摄）

4）潟湖

潟湖是由沙坝、沙嘴与海洋隔开的封闭或半封闭的浅海水域，其与离岸沙坝紧密相连构成沙坝—潟湖统一的体系。广西沿岸的现代潟湖仅见于北海半岛北岸北海外沙、高德外沙，北海半岛南岸北海白虎头银滩公园内和侨港镇电建，钦州犀牛脚镇南岸犀牛脚渔港等。广西沿海现代潟湖开发程度较高，一般都开发为渔业港口或商渔港。如北海外沙潟湖已开发为外沙潟湖—商渔港（照片2-66）、电建潟湖开发为电建潟湖—渔港（照片2-67）和国际客际客运码头，高德外沙潟湖部分改造成养殖场（照片2-68）。

5）沙滩

沙滩广泛发育于广西沿岸江平竹山—巫山—沥尾、江山半岛大坪坡、企沙半岛南

照片 2-66　北海半岛北岸外沙潟湖—商渔港景观（黎广钊摄）

照片 2-67　北海半岛南岸电建潟湖—渔港景观（黎广钊摄）

照片 2-68　高德外沙离岸沙坝内侧小型渔港潟湖和养殖场地貌景观（黎广钊摄）

岸赤沙—天堂坡及东岸沙耙墩—山新—沙螺寮、犀牛脚外沙—大环、北海半岛北岸外沙—草头村、北海南岸大墩海—银滩—白虎头—竹林—营盘青山头—北暮盐场、沙田—中堂等地沿岸。如江平沥尾沿岸沙滩长约 7.5 km，宽 200~500 m，尤其是其东部东端沙嘴沙滩宽阔、平缓、宽度最大达 1 500 m（照片 2-69）；北海白虎头—银滩—大墩海一带宽阔、平缓、洁白、砂粒细软，滩面宽度一般为 200~1 000 m，最大宽度位于白虎头村南岸沙滩，达 2 500 m，北海银滩被誉为"天下第一滩"，沙滩旅游开发程度较高，旅游设施建设较为完备（照片 2-70）；营盘青山头沿岸形成沙滩—防护林带—互花米草滩分布地貌格局（照片 2-71）。

照片 2-69　江平沥尾沿岸东部沙滩宽阔、平缓地貌景观（黎广钊摄）

照片 2-70　北海白虎头—银滩—大墩海一带银滩宽阔、平缓、洁白的沙滩与
沿岸沙堤旅游设施景观（黎广钊摄）

6）潮流沙脊

潮流沙脊是由往复潮流形成的，与潮流方向基本平行的线性砂质堆积体。广西沿岸潮流沙脊主要见于钦州湾和钦山港，其潮流沙脊延伸方向与潮流方向一致，呈平行排列成指状伸展，并且脊、槽（沟）相间排列。

照片 2-71　营盘青山头沙滩—防护林带—互花米草滩地貌分布格局（黎广钊摄）

钦州湾潮流沙脊发育于湾中部青菜头以南海区，即钦州港东、西航道之间，规模较大的潮流沙脊为老人沙，长约 7.5 km，宽约 0.7 km，长与宽的比值为 10.7，沙体走向为 NNW，低潮时露出水面，与相邻的深槽水深（高程）相差 7 m 左右。老人沙两侧还有两个小型潮流沙脊在低潮时露出水面，组成一个"小"字型，脊槽相间排列，呈辐射状向 SSE 分布。潮流沙脊的沉积主要为细砂，分选性很好到中等，其中粉砂质成分的含量很低（0~14%）；相邻的深槽沉积物粗细无规律（表2-19），分选差，这与潮流的速度、槽的深浅及物源等多种因素有关。

表 2-19　钦州湾潮流沙脊和深槽的沉积物粒度特征

样品站位	0608	0606	0566	0568	0564	0561	0558
地貌部位	沙脊（两口沙）	深槽	沙脊（中间沙）	深槽	老人沙脊	深槽	沙脊
沉积物定名	细砂	粗砂	细砂	砾质粗砂	细砂	泥质砂	中细砂
中值粒径（φ）	2.95	0.77	2.26	0.8	2.36	5.63	0.5
标准偏差 δ	0.16	0.48	0.31	3.74	0.22	4.28	2.11

铁山港一带潮流沙脊亦十分发育，港的北段深入内陆水域狭窄，潮成砂体狭长规模较小。港的南段出口处形成的砂体规模较大，如淀洲沙、东沙、高沙等都是较大的沙脊（表2-19），沙脊组成物质多为分选较好的细中砂，相邻的槽内为中粗砂。

表 2-20　铁山湾潮流沙脊规模

沙脊区域	南部浅滩					北部浅滩			
沙脊名称	淀洲沙	东沙	高沙	中间沙	更新沙	老鸦洲北	老雅洲	老雅洲南	沙尾石
长/km	7.0	5.5	7.7	3.25	4.5	3.5	2.5	0.2	2.5
宽/km	4.0	2	1	1	0.7	0.3	0.2	0.15	0.2

2.4 海岸类型及其基本特征

根据海岸成因、形态、物质组成的分类原则，可将广西海岸划分为砂质海岸、粉砂淤泥质海岸、生物海岸、基岩海岸、人工海岸、河口海岸等六大类型（表2-21）。

表2-21 广西海陆交错带海岸的岸线类型长度统计表（单位：km）

行政区	北海市	钦州市	防城港市	合计	占海岸线比例/%
砂质海岸	50.60	26.14	35.22	111.96	6.88
粉砂淤泥质海岸	4.64	23.46	82.51	110.61	6.79
生物海岸	27.18	57.66	4.46	89.30	5.48
基岩海岸	3.28	8.35	19.16	30.79	1.89
人工海岸	439.39	445.47	395.35	1 280.21	78.61
河口海岸	3.08	1.55	1.09	5.72	0.35
合计	528.17	562.63	537.79	1 628.59	100.0

2.4.1 砂质海岸

1）分布岸段

主要分布于广西海陆交错带东部北海半岛北岸北海外沙—高德—草头村，北海半岛南岸白虎头—北海银滩—电白寮—大墩海（照片2-72），大冠沙，福成竹林—白龙—营盘—青山头—淡水口，沙田半岛南岸沙田—下肖村—耙朋村—中堂（总路口）—乌泥等岸段（照片2-73）；中部犀牛脚大环—外沙、三娘湾—海尾村等岸段（照片2-74，照片2-75）；西部企沙半岛东部沿岸沙螺寮—山新村（照片2-76），企沙半岛南部沿岸天堂坡—樟木沔—赤沙、江山半岛东南岸大坪坡，江平沔尾—巫头—榕树头—白沙仔等岸段（照片2-77）。

照片2-72 北海银滩中部音乐喷泉东侧砂质海岸地貌特征（黎广钊摄）

照片 2-73　沙田半岛南部耙朋村南岸砂质海岸地貌特征（黎广钊摄）

照片 2-74　三娘湾村南岸旅游度假区砂质海岸地貌特征（黎广钊摄）

照片 2-75　三娘湾东部海尾村砂质海岸地貌特征（黎广钊摄）

照片 2-76　企沙半岛东部山新村南岸砂质海岸地貌特征（黎广钊摄）

照片 2-77　江平沥尾东部砂质海岸地貌特征（黎广钊摄）

2）砂质海岸基本特征

（1）岸线平直、沿岸沙堤、沙滩广泛发育。

（2）沙堤后缘成直接与北海组、湛江组海蚀陡崖相连接，或在沙堤与古海蚀陡崖（古海岸线）之间有宽度不等的海积平原（即已开辟为海水养殖场或盐田或水田或农耕地等）。

（3）砂质海岸的物质来源在东部地区主要来自其后北海组、湛江组的侵蚀和破坏，在西部主要来源于河流及其海岸基岩的侵蚀。

（4）不同岸段有侵蚀与堆积的差异，反映了局部泥沙的运移，但整体上并无大规模的泥沙纵向运动。

2.4.2　粉砂淤泥质海岸

1）分布岸段

主要分布于广西海陆交错带东部沿岸铁山港、丹兜海、英罗港；中部沿岸大风江口、钦州湾东西两岸潮流汊道；西部沿岸防城港、暗埠口江、珍珠港湾等港湾及潮流汊道沿岸。粉砂淤泥质海岸通常发育淤泥滩-红树林滩，如铁山港闸口红石塘—螃蟹田沿岸粉砂淤泥质海岸，伴随发育有红树林滩及潮沟地貌（照片2-78）；钦州湾金鼓江西岸农呆墩村东部粉砂淤泥质海岸及红树林滩地貌（照片2-79）；茅尾海康熙岭白鸡村南岸宽阔的粉砂淤泥质海岸，形成宽阔、平缓的淤泥滩地貌（照片2-80）；江平交东村东南岸发育粉砂淤泥质海岸，其外缘发育红树林滩，内缘为人工海堤（照片2-81）。

照片2-78　闸口红石塘—螃蟹田粉砂淤泥质海岸，并伴随发育红树林滩及潮沟地貌（黎广钊摄）

照片2-79　钦州湾金鼓江西岸农呆墩村东部粉砂淤泥质海岸及红树林滩地貌特征（黎广钊摄）

2）分布特征

（1）岸线曲折、港汊众多、形如指状。潮流汊道多深入于低丘、台地之间，沿岸多岛屿和侵蚀剥蚀台地。

（2）陆上通常有小型河流注入，但流量很小，多依靠涨潮倒灌的海水维持水域，永久性水域仅在潮沟中出现。

照片 2-80　茅尾海康熙岭白鸡村南岸粉砂淤泥质海岸，形成宽阔、平缓的淤泥滩地貌（黎广钊摄）

照片 2-81　江平交东村东南岸粉砂淤泥质海岸，其外缘为红树林滩、内缘为人工海堤（黎广钊摄）

（3）湾内汊道泥沙充填微弱，西侧通常发育有宽度不等的淤泥质潮间带浅滩，在滩面上往往生长有红树林。

（4）湾顶及两侧的潮滩的沉积厚度较小，一般为 0.5~3 m 之间，局部有基岩出露于滩面上。

2.4.3　基岩海岸

1）分布岸段

主要分布于广西海陆交错带东部北海半岛西部冠头岭、英罗港马鞍岭半岛东南岸等岸段；中部钦州湾东南岸犀牛脚镇乌雷岬角岸段，钦州湾西南岸沙螺寮村东北岸岬角、勒山渔村东北岸九龙寨岬角；西部企沙半岛东南岸天堂角岬角、江山半岛海岸等岸段。如照片 2-82 反映了北海半岛西部冠头岭侵蚀剥蚀台地直逼海岸，形成直立状基岩海岸与海蚀平台连接的地貌格局；照片 2-83 显示了英罗港马鞍岭半岛东南岸火山熔岩基岩海岸与带状砾石带地貌特征；照片 2-84 反映了钦州犀牛脚镇乌雷岬角角基岩海岸与岩滩、红树林滩地貌特征；照片 2-85 显示钦州湾西南岸籁山渔村东北岸九龙寨岬角阶梯状基岩海岸特征；照片 2-86 揭示了企沙半岛东南岸天堂角岬角基岩与岩脊、沙砾滩海岸地貌特征；照片 2-87 反映了江山半岛东南岸水塘岭近直立状基岩海岸与沟槽状、锯齿地貌格局。

照片 2-82　北海半岛西部冠头岭直立状基岩海岸与海蚀平台地貌格局（黎广钊摄）

照片 2-83　英罗港马鞍岭半岛东南岸火山熔岩基岩海岸与砾石带地貌特征（黎广钊摄）

2）分布特征

（1）多为侵蚀剥蚀台地直逼海岸边缘，岸线向海凸出，形成基岩岬角，海浪侵蚀强烈。

（2）基岩海岸海蚀崖、岩滩（海蚀平台或海蚀阶地）、海蚀洞（穴）、礁石发育。

（3）多数岩滩低潮期间出露、高潮期间淹没，岩滩面形态多样，既有阶梯状、沟槽状、岩脊状、锯齿状，也有平坦状、柱状、凹坑状。

照片 2-84 钦州犀牛脚镇乌雷岬角基岩海岸与岩滩、红树林滩地貌特征（黎广钊摄）

照片 2-85 钦州湾西南岸簕山渔村东北岸九龙寨岬角阶梯状基岩海岸特征（黎广钊摄）

照片 2-86 企沙半岛东南岸天堂角岬角基岩与岩脊、沙砾滩海岸地貌特征（黎广钊摄）

照片 2-87　江山半岛东南岸水塘岭基岩海岸与沟槽、锯齿状地貌格局（黎广钊摄）

2.4.4　人工海岸

1）分布岸段

人工海岸广泛分布于英罗港乌泥、铁山港湾、营盘、竹林、大冠沙、北海侨港—大墩海、北海港—外沙、乾江—党江—沙岗—西场、犀牛脚、钦州港、康熙岭、红沙、沙螺寮、簕山、企沙港、防城港、白龙尾港、江平交东—贵明—沥尾、竹山—榕树头等地岸。如照片 2-88 显示了英罗港乌泥石块、水泥石块建造"丁"字坝式人工海岸；照片 2-89 显示了西场镇西南大木城沿岸水泥混凝土标准化海堤人工海岸；照片 2-90 显示了江平沥尾南岸水泥标准化阶梯式海堤人工海岸；照片 2-91 显示了铁山港西岸红坎村东南岸水泥石块建造斜坡式海堤人工海岸；照片 2-92 显示了犀牛脚镇东南岸红路框简单石块砌造的斜坡式海堤人工海岸；照片 2-93 显示了东兴竹山港码头斜坡式水泥混凝土人工海岸；照片 2-94 显示了北海侨港镇南岸旅游区直立式、阶梯式水泥混凝土、石块结构人工海岸。

照片 2-88　英罗港乌泥石块、水泥石块建造"丁"字坝式人工海岸（黎广钊摄）

照片 2-89　西场镇西南大木城沿岸水泥混凝土标准化海堤人工海岸（黎广钊摄）

照片 2-90　江平沥尾南岸水泥标准化阶梯式海堤人工海岸（黎广钊摄）

照片 2-91　铁山港西岸红坎村东南岸水泥石块建造的斜坡式海堤人工海岸（黎广钊摄）

照片 2-92　犀牛脚镇东南岸红路框简单石块砌造的斜坡式海堤人工海岸 （黎广钊摄）

照片 2-93　东兴竹山港码头斜坡式水泥混凝土人工海岸 （黎广钊摄）

照片 2-94　北海侨港镇南岸旅游区直立式、阶梯式水泥混凝土、石块结构人工海岸 （黎广钊摄）

2）分布特征

常见于河口区海岸，开阔海岸，沿岸港口码头、农田、盐田、养殖场、临海工业区、临海城镇等岸段。

2.4.5 生物海岸

广西海岸带沿岸的生物海岸根据生物种类不同可划分为红树林海岸、珊瑚礁等两种类型。

1）红树林海岸

（1）分布岸段

主要分布于东部的英罗港、丹兜海、铁山港、南流江口，中部大风江、钦州湾鹿耳江、金鼓江、茅尾海，西部防城港渔洲坪、马正开、暗埠口江、珍珠湾北部沿岸、北仑河口等岸段。如照片2-95反映了合浦县山口镇新塘村东南红树林生物海岸；照片2-96反映了西场镇东南岸红树林生物海岸；照片2-97和照片2-98反映了钦州港西北部七十二泾松飞大岭、小娥眉岭一带红树林生物海岸；照片2-99反映了防城港东湾渔洲坪红树林生物海岸。

照片2-95　合浦县山口镇新塘村东南红树林生物海岸（黎广钊摄）

（2）分布特征

①常见于入海河口湾和潮汐汊道、港湾内两侧潮间浅滩中上带，岸线多与海湾、汊道海岸一致。

②海岸有红树林保护、湾内波浪微弱、潮流流速降低，淤泥质海滩较为发育。

③红树林有的连片生长，面积较大，种类较多。如英罗港、丹兜海国家级红树林保护区，总面积达44.24 km²，岸线长约50 km；珍珠港北部沿岸也是连片分布，面积达10 km²，岸线长约20 km。有的为块状分布，如铁山港、大风江口、防城港港内；有的为沿岸带状分布，如鹿耳环江、金鼓江北仑河口。

照片 2-96　西场镇东南岸红树林生物海岸（黎广钊摄）

照片 2-97　钦州港西北部七十二泾松飞大岭东岸一带红树林生物海岸（黎广钊摄）

照片 2-98　钦州港西北部七十二泾小娥眉岭南岸红树林生物海岸（黎广钊摄）

照片2-99 防城港东湾渔洲坪红树林生物海岸，其内缘为人工海堤（黎广钊摄）

2）珊瑚礁海岸

（1）分布岸段

仅见于涠洲岛、斜阳岛海岸。

（2）分布特征

分布局限性，分布于涠洲岛西南部滴水村—竹蔗寮、西岸北部后背塘—北部北港—苏牛角坑、东北部公山背—东部横岭沿岸近岸浅海区，斜阳岛沿岸有零星分布。如照片2-100显示了涠洲岛北岸苏牛角坑近岸浅海区水下珊瑚礁生物海岸特征。

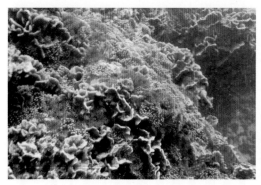

照片2-100 涠洲岛北岸苏牛角坑水下珊瑚礁生物海岸（黎广钊摄）

2.4.6 河口海岸

1）分布岸段

广西海陆交错带河口海岸主要分布于南流江、大风江、钦江、茅岭江、防城河、北仑河等6条主要河流出海口。如照片2-101显示出南流江东江支流河口通道、潮滩、河口沙坝地貌格局，并在河口沙坝上生长茂盛的红树林；照片2-102反映大风江鲁根咀村西南部河口通道、海-河堤、河口红树林组成的河口海岸地貌格局；照片2-103揭示了钦江河口通道、红树林、河-海堤及堤内养殖池塘组成的河口海岸地貌格局；照片2-104反映茅岭江河口潮滩、红树林滩组成的河口海岸地貌格局；照片2-105反映了防城江河口通道、潮滩、（海）河-海堤组成的河口海岸地貌格局；照片2-106反映了东兴市北仑河口通道、河-海堤、红树林组成的河口海岸地貌格局。

照片2-101　南流江东江支流河口通道、潮滩、沙坝、红树林组成的河口海岸地貌格局（黎广钊摄）

照片2-102　大风江鲁根咀村西南部河口通道、海-河堤、红树林组成的
河口海岸地貌格局（黎广钊摄）

2）分布特征

分布于河口湾、溺谷湾顶部入海河口区，如南流江河口分布于廉州湾北部，呈支状河口分布；大风江河口分布于大风江溺谷湾河口湾顶部，呈指状分布；钦江河口分布于茅尾海东北部，呈分叉状分布；茅岭江河口分布于茅尾海西北部，防城江河口分布于防城港湾西湾顶部，北仑河口分布于北仑河口湾西北部，这3条河流均呈单一出海口分布。

照片 2-103　钦江河口通道、红树林、河–海堤及堤内养殖池塘组成的河口海岸地貌格局（黎广钊摄）

照片 2-104　茅岭江河口潮滩、红树林滩组成的河口海岸地貌格局（黎广钊摄）

照片 2-105　防城江河口通道、潮滩、河–海堤组成的海岸地貌格局（黎广钊摄）

照片 2-106　东兴市北仑河口通道、河-海堤、红树林组成的海岸地貌格局（黎广钊摄）

第3章　海岛地貌类型及其空间分布格局

3.1　海岛数量及其分布特征

  广西海陆交错带地处我国海岸西南部，濒临北部湾。广西海陆交错带岸线蜿蜒曲折，岛屿众多，据《中国海域海岛标准名录（广西分册）》（2013）记载，自高潮线以上大小的岛屿共有 645 个，其中，有居民海岛包括陆连岛有 14 个，占岛屿总数的 2.17%，无居民海岛 631 个，占岛屿总数的 97.83%（图 3-1）。广西海岛分布的特点是：无居民岛多、有居民岛少，近岸岛多、远岸岛少，主要分布于钦州湾、防城港湾、大风江河口湾、廉州湾南流江河口、铁山港湾、珍珠港湾、涠洲岛—斜阳岛等 7 个海区（图 3-2）。其中，最南面的海岛为北部湾东北部海面上的斜阳岛，中心地理坐标 20°54′40.4″N，109°12′35.3″E；最北面的海岛为茅尾海东部的沙井岛，中心地理坐标 21°52′33.06″N，108°35′51.04″E；最东面的海岛为合浦县铁山港湾的北海茅墩岛，中心地理坐标 21°44′51.8″N ，109°35′46.9″E；最西面的海岛为东兴市北仑河口的独墩岛，中心地理坐标 21°32′51.2″N，108°00′37.2″E；最大的海岛为涠洲岛，面积 24.78 km²；第二大海岛为合浦县更楼围岛，面积 21.87 km²。其余大多数的海岛面积很小。按广西沿海行政单元各市沿岸岛屿分布统计，钦州市最多，拥有岛屿 294 个，其中有居民海岛 6 个，无居民海岛 288 个；防城港市次之，共 284 个，其中有居民海岛 2 个，无居民海岛 282 个；北海市最少，为 67 个，其中有居民海岛 6 个，无居民海岛 61 个。广西沿海各市有居民海岛和无居民海岛个数、面积及岸线长见表 3-1、表 3-2 所示。

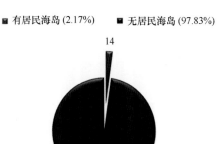

图 3-1　广西海陆交错带岸外有居民海岛和无居民海岛所占比例

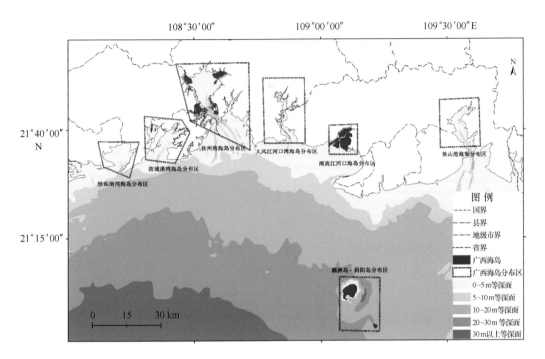

图 3-2　广西沿岸海岛主要分布区（据《广西海岛保护与开发利用研究及其管理对策报告》
（广西红树林研究中心，2013）改编）

表 3-1　广西沿海各市沿岸有居民岛屿个数、面积及岸线长度、人口统计表

行政区	北海市	钦州市	防城港市	合计	备注
岛屿数/个	涠洲岛、斜阳岛、七星岛、南域围、更楼围、外沙岛6个	龙门岛、西村岛、麻蓝头岛、沙井岛、箭沟墩、团和6个	针鱼岭、长榄2个	14	渔沥岛、果子山、巫头、万尾岛、山心岛、针鱼漫岛、大茅岭岛等7个有居民岛已与大陆连成一片成为陆地，失去了海岛的基本特征，不再列入海岛名录
岛屿面积/km²	68.7	33.2	1.3	103.2	
岸线长度/km	102.69	82.64	12.17	197.5	
人口/人	52 222	15 517	728	68 467	

表 3-2　广西沿海各市沿岸无居民岛屿个数、面积及岸线长度统计表

行政区	北海市	钦州市	防城港市	合计	备注
无居民岛岛屿数/个	61	288	282	631	本表无居民海岛数量是根据广西海洋监测预报中心提供的海岛普查成果资料统计
无居民岛岛屿面积/km²	1.70	6.91	6.25	14.86	
无居民岛岸线长度/km	42.89	164.92	144.19	352.00	

3.2 海岛地貌成因类型及其规模概述

3.2.1 海岛地貌成因类型划分

根据《海岛调查技术规程》（国家海洋局 908 专项办公室，2005b）地貌与第四纪地质专题有关地貌类型划分的规定，结合广西海岛特点、实际情况及前人对本区海岛地貌类型划分的基础，将本区海岛地貌成因类型划分为陆地地貌、人工地貌、潮间带地貌 3 个一级类。其中陆地地貌划分二级类的有火山地貌、侵蚀剥蚀地貌、流水地貌、海成地貌、重力地貌等 5 类；人工地貌的二级类与其一级类相同，亦为人工地貌 1 类；潮间带地貌划分二级类的有岩滩地貌、潮滩地貌、海滩地貌、礁坪地貌等 4 类。二级类之下再根据成因的复杂性程度细分为三级类地貌成因类型（表 3-3）。

表 3-3 广西海岛地貌成因类型分类表

一级类	二级类	三级类	代号
陆地地貌	火山地貌	火山碎屑岩台地	β_{V2}
		破火山口	
		干涸火山口湖	
	侵蚀剥蚀地貌	三级侵蚀剥蚀台地（海拔高度>50 m 至<200 m）	$F2_5^3$
		二级侵蚀剥蚀台地（海拔高度 15~50 m）	$F2_5^2$
		一级侵蚀剥蚀台地（海拔高度小于 15 m）	$F2_5^1$
	流水地貌	冲积平原	Fl_2
	海成地貌	冲积-海积平原	Ml
		潟湖堆积平原	Ml_1
		海积平原	Ml_2
		三角洲平原	$Fl_{1'}$
	重力地貌	倒石堆	
人工地貌	人工地貌	养殖场	Aq
		港口码头	Har
		水库	
		人工海堤（海档）	
		防潮闸	

一级类	二级类	三级类	代号
潮间带地貌	岩滩地貌	海蚀阶地	$M2_2$
		古海蚀崖	
		海蚀崖	
		海蚀穴	
		海蚀沟、海蚀桥	
		海蚀柱	
	海滩地貌	沿岸沙堤	$CL7a$
		海滩岩	
		沙滩	
	潮滩地貌	淤泥滩	
		沙泥滩	
		红树林滩	
	礁坪地貌	珊瑚岸礁	$CL5_1$

3.2.2 海岛地貌成因类型规模概述

广西海岛地貌成因类型二级类划分为火山地貌、侵蚀剥蚀地貌、流水地貌、海成地貌、重力地貌、人工地貌、岩滩地貌、海滩地貌、珊瑚礁坪等 9 大类型。其中人工地貌中养殖场和珊瑚礁坪两种成因类型涉及到海岛周边海岸线以下海域，其面积规模较大，尤其是人工地貌中的养殖场主要分布在三角洲平原、冲积-海积平原、海积平原的沙泥岛中，而在海湾沿岸的基岩岛中则以人工海堤连接岛屿与岛屿之间的海域或连接岛屿与沿岸陆地之间的海域建成养殖场，使海岛养殖场面积扩大了 1 倍以上。广西海岛 9 大地貌成因类型的总面积为 200.19 km²，其中规模最大的是海岛及其沿岸人工地貌中的养殖场，面积为 88.47 km²，占海岛地貌成因类型的总面积 200.19 km² 的 44.19%；其次是涠洲岛沿岸潮间带—近岸浅海的珊瑚岸礁和海岛侵蚀剥蚀台地，两者分布规模相当，分别为 26.80 km²、26.73 km²，分别占海岛地貌成因类型总面积 200.19 km² 的 13.39%、13.35%；再者是火山碎屑台地为 20.46 km²，占海岛地貌成因类型总面积 200.19 km² 的 10.22%；第四是三角洲平原为 19.62 km²，占海岛地貌成因类型总面积 200.19 km² 的 9.80%；第五是海积平原为 6.02 km²，占海岛地貌成因类型总面积 200.19 km² 的 3.01%；其余的海岛沿岸沙堤、港口码头、冲积平原、冲积-海积平原、潟湖堆积平原、海蚀阶地等地貌成因类型分布规模很小，所占面积比例也很小。广西海岛各种地貌成因类型的面积规模大小详见表 3-4 所示。

表 3-4　广西海岛各类地貌成因类型面积统计表

地貌成因类型			面积/km²	占总面积比例/%	备 注
一级类	二级类	三级类			
陆地地貌	火山地貌	火山碎屑岩台地	20.46	10.22	由第四纪喜马拉雅期火山喷发并在海底（水下）堆积，经长期缓慢上升形成
		干涸火山口湖	0.21	0.11	仅在斜阳岛破火山口湖干涸形成
	侵蚀剥蚀地貌	一级侵蚀剥蚀台地	3.47	1.73	在不同的地质时期各种外力的侵蚀剥蚀作用，以及 3 次构造运动抬升，形成保存不同高度的基岩侵蚀剥蚀台地
		二级侵蚀剥蚀台地	21.05	10.52	
		三级侵蚀剥蚀台地	2.21	1.10	
	流水地貌	冲积平原	1.37	0.68	仅在涠洲岛季节性小河、冲沟中发育有规模很小的条带状冲积平原
	海成地貌	三角洲平原	19.62	9.80	三角洲、海积冲积、海积平原中改造为养殖场部分属于人工地貌中的养殖场类型
		海积冲积平原	0.13	0.07	
		海积平原	6.02	3.01	
		潟湖堆积平原	2.11	1.05	
	重力地貌	倒石堆	－	－	倒石堆面积非常小，忽略不计。
人工地貌	人工地貌	养殖场（养殖虾塘）	88.47	44.19	其余海堤、防潮闸为线型地貌而不计面积
		港口区	2.54	1.27	
		水库	0.28	0.14	
潮间带地貌	岩滩地貌	海蚀阶地	1.70	0.85	其余海蚀崖、海蚀桥、海蚀穴为线型地貌而不计面积
	海滩地貌	沿岸沙堤	2.71	1.35	
		离岸沙坝	0.66	0.33	
		沙滩	0.38	0.19	
	珊瑚礁坪	珊瑚岸礁	26.8	13.39	仅涠洲岛沿岸形成有珊瑚岸礁
合计		19 种	200.19	100.00	

3.3　海岛地貌成因类型及其空间分布格局

3.3.1　海岛火山地貌类型及其空间分布特征

广西海岛火山地貌划分为火山碎屑岩台地、破火山口、干涸火山口湖等 3 种类型。

1）火山碎屑岩台地

火山碎屑岩台地是广西海岛主要并独具特色的地貌成因类型之一，尚且具有第四纪火山堆积地貌成因类型特色。广泛分布于由第四纪火山在海底喷发堆积，长期缓慢抬升形成的火山碎屑岩岛——涠洲岛、斜阳岛、猪仔岭岛，总面积 20.46 km²。占广西海岛地貌成因类型总面积的 200.19 km² 的 10.22%。其中，涠洲岛火山碎屑岩台地的面积最大，为 18.59 km²，占火山碎屑岩台地总面积 20.46 km² 的 90.86%，占涠洲岛面积 24.98 km² 的 74.70%（图 3-3）；斜阳岛火山碎屑岩台地面积为 1.66 km²，占火山碎屑岩台地总面积的 8.11%，占斜阳岛面积 1.87 km² 的 88.77%（图 3-4）；猪仔岭岛面积很小，整个小岛均为火山碎屑岩台地，仅为 0.003 8 km²，占火山碎屑岩台地总面积的 0.02%。火山碎屑岩台地主要由橄榄玄武岩、沉凝灰岩、沉凝火山角岩、火山集块岩等火山碎屑岩构成，地层产状平缓，火山碎屑岩层中具有交错层理、斜层理及水平层理，如照片 3-1 揭示了涠洲岛滴水村南岸出露的火山碎屑岩形成交错层理、斜层理及水平层理构造特征，这反映出其形成环境是属于海底火山喷发沉积，后因新构造运动上升为海岛火山碎屑岩台地。

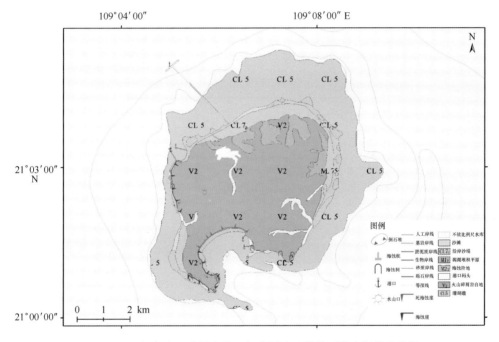

图 3-3　涠洲岛火山碎屑岩台地与其周边地貌类型的空间分布格局

涠洲岛火山碎屑岩台地的地势呈南高北低，一般海拔 10~40 m，最高点位于南部西拱手海拔 78.96 m，自南向北缓缓倾斜，坡度一般为 10°~15°，局部为 30°，微有起伏，平面形态似象鼻状，在火山碎屑岩台地周边零星分布有季节性小河流及冲沟形成的小型带状冲积平原上（图 3-3），其南部自东岸石盘滩往西南到湾仔角，再经南湾至西部滴水村至高岭一带海岸为高 20~40 m 的海蚀崖，形成近 90°陡崖与海蚀阶地、岩滩相连接。如照片 3-2 显示出涠洲岛火山碎屑岩台地西岸高岭海蚀崖与海蚀阶地、岩滩、海蚀穴地貌特征；照片 3-3 显示了斜阳岛火山碎屑岩台地东南岸淡水湾陡壁、险要的海蚀崖及海蚀阶地、海蚀沟槽地貌特征。位于涠洲岛西北至北部荔枝山—北港—苏牛角坑—公山背—横岭及西南竹蔗寮一带则以缓倾斜坡与沙堤或潟湖平原相连，如照片3-4显示了涠洲岛荔枝山—北港—苏牛角坑一带火山碎屑岩台地以缓倾斜坡与沙堤或潟湖平原连接形成的地貌格局。

斜阳岛地势呈北部和西部高，向南东逐渐降低，中南部为低洼地即干涸火山口湖（图3-4），最高点位于羊尾岭，海拔140.4 m，其四周沿岸形成30~80 m高的陡崖直逼海岸边缘，插入海底水深10~20 m，如照片3-5反映了斜阳岛沿岸火山碎屑岩台地海岸边缘陡峭、险要的海蚀崖及其崖壁上的海蚀穴和岩层水平层理、斜层理构造特征。位于涠洲岛南湾口东侧猪仔岭岛火山碎屑岩台地地形标高27.8 m，外形呈猪仔状而得名，其四周为15~25 m高的海蚀崖，如照片3-6反映出猪仔岭岛火山碎屑岩台地东岸直立式的海蚀崖及其下部形成海蚀阶地（平台）、岩滩地貌特征。火山碎屑岩台地由于长期受到地表水及风化剥蚀等外营力其同作用，导致火山碎屑物质形成残坡积物及风化红土层，并形成起伏不平的小山丘，如照片3-7显示了涠洲岛火山碎屑岩台地西北部荔枝山一带表层风化红土层地貌特征。

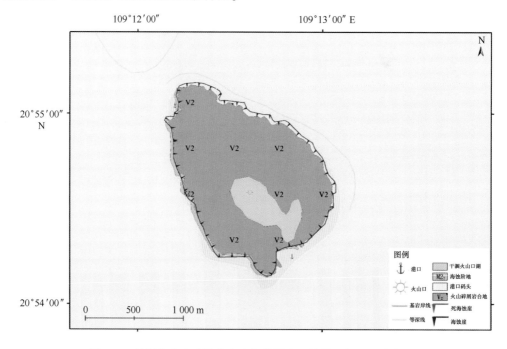

图3-4　斜阳岛火山碎屑岩台地与其周边地貌类型的空间分布格局

2）破火山口

涠洲岛、斜阳岛的火山活动具有多喷发中心，属于滨-浅海海底喷发沉积的特点，其火山口及火山形态不如陆地上的火山喷发那样明显，在地表水冲刷作用、风化剥蚀作用、海水侵蚀作用及构造影响下，使火山口原始地形保存极不完整。根据地形地貌、

照片 3-1　涠洲岛滴水村南岸火山碎屑岩岩层形成交错层理、斜层理及水平层理
构造特征（黎广钊摄）

照片 3-2　涠洲岛火山碎屑岩台地西岸高岭海蚀崖与海蚀阶地、岩滩、海蚀穴地貌特征（黎广钊摄）

照片 3-3　斜阳岛火山碎屑岩台地淡水湾海蚀崖与海蚀阶地、海蚀沟槽地貌特征（黎广钊摄）

照片 3-4　涠洲岛荔枝山—北港—苏牛角坑一带火山碎屑岩台地以缓倾斜坡与
沙堤或潟湖平原连接形成地貌格局（黎广钊摄）

照片 3-5　斜阳岛沿岸火山碎屑岩台地直逼海岸边缘陡峭、险要的海蚀崖及其
崖壁上的海蚀穴和岩层水平层理、斜层理构造特征（黎广钊摄）

照片 3-6　涠洲岛南湾东侧猪仔岭东岸海蚀崖与海蚀阶地、岩滩地貌特征（黎广钊摄）

照片 3-7 涠洲岛火山碎屑岩台地西北部荔枝山一带表层风化红土层地貌特征（黎广钊摄）

火山喷发物质分布特点、钻孔及物探资料综合分析，涠洲岛有 2 个火山口，斜阳岛有 1 个火山口。

（1）南湾火山口

位于涠洲岛南部南湾港中，南湾为一直径约 2 km，南部缺口（湾口）与海相通的半圆形港湾，其东、西、北三面为 15~25 m 标高的海蚀崖，由于火山口南部遭受海水侵蚀破坏、冲刷，海水淹没了原始火山口从而形成现今的南湾，由此推测南湾港口有一个火山口存在，如实测涠洲岛南湾火山口地质地貌剖面图 3-5 所示，其东（猪仔岭）、西（西拱手）两侧均为火山碎屑岩台地、死海蚀崖和古海蚀平台（阶地），在形态上呈现出被海水侵蚀破坏后的火山口残迹。照片 3-8 同样显示出涠洲岛南湾口东、西、北岸三面为火山碎屑岩构成的海蚀崖、海蚀平台、岩滩，其中西侧西拱手和东侧猪仔岭的海蚀崖壁上出露数米厚烧焦的褐红色火山岩烘烤层等火山口地貌特征。在南湾口西岸的西拱手一带海蚀崖壁上，可见一层数米厚的火山喷发过程烧焦的褐红色火山角砾岩烘烤层，并有形态各异，大小不等的火山弹，如照片 3-9 所示；同时，在南湾东侧猪仔岭岛海蚀崖壁上，可见一层的火山喷发过程烧成灰黑色的火山角砾岩烘烤层，如照片 3-10 所示。

（2）横路山火山口

位于涠洲岛横路山西北约 600 m 的小山丘上，海拔高度 52.6 m，出露第三喷发旋迴第二次喷发的玄武岩，纵横 200~600 m，由于风化剥蚀作用及其植被覆盖，如照片 3-11 所示，火山口特征已不甚明显，地貌上似一个盾形火山锥。据横路山火山口附近钻孔资料及电测资料表明，火山岩厚度最大可 370 m，而周围却只有数十米。

（3）斜阳村火山口

位于斜阳岛斜阳村。地形上形成四周高，中间低的一个洼地，其洼地平坦，宽 300~400 m，海拔高 34 m，已开辟为农作物耕地，主要是种植玉米和红薯、花生，部分已

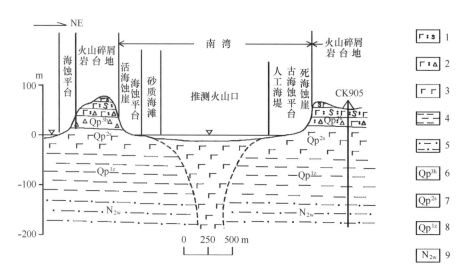

图 3-5　涠洲岛南湾破火山口地质地貌剖面图

（据《广西海岛地质、地貌与第四纪地质调查报告》（广西红树林研究中心，2009b））

1. 玄武质沉凝灰岩，2. 集块火山角砾岩和集块岩，3. 玄武岩，4. 黏土，5. 砂质黏土，

6. 晚更新世湖光岩组，7. 中更新世石峁岭组，8. 早更新世湛江组，9. 上新世望楼港组

照片 3-8　涠洲岛南湾口东、西、北岸三面为火山碎屑岩构成的海蚀崖、

海蚀平台、岩滩，其中西侧西拱手和东侧猪仔岭的海蚀崖壁上出露数米厚

烧焦的褐红色火山岩烘烤层等火山口地貌特征（黎广钊摄）

丢荒而杂草丛生，其洼地周边为标高 76～140 m 的火山碎屑台地，如照片 3-12 所示。据广西水文队资料，斜阳村 CK932 孔资料，揭示该洼地火山岩厚达 200 多米未见底，而周围的火山碎屑岩仅有数十米至百余米，推测该洼地为一个火山口。

　　3）干涸火山口湖

　　仅见于斜阳岛斜阳村火山口内，为一个长约 350 m，宽约 300 m 的平地，周围为隆

照片 3-9　涠洲岛南湾口西侧西拱手海蚀崖壁上出露烧焦的褐红色火山岩烘烤层及形态各异、
大小不等的火山弹地貌特征（黎广钊摄）

照片 3-10　涠洲岛南湾口东侧猪仔岭岛海蚀崖壁上出露烧成灰黑色的火山岩烘烤层及形态各异，
大小不等的火山弹地貌特征（黎广钊摄）

起的玄武岩及火山碎屑岩。据广西水文队钻孔资料，斜阳村 CK932 孔见厚 36.31 m 的湖积层，由灰、灰黑色黏土、砂质黏土夹炭质黏土、植物茎（根）、植物叶及朽木层等形成，面积约 1.0 km)。地貌形态上呈四周高的火山碎屑岩台地，中间为平坦凹下、低洼的锅状地形，如图 3-6、照片 3-13 所示。显然，这是一个属于火山喷发后火山口积水而成的火山口湖，后经沉积干涸而形成的干涸火山口湖地貌。

3.3.2　海岛侵蚀剥蚀台地空间分布特征

由于多次构造运动的抬升以及陆上地表水长期剥蚀侵蚀等外营力作用，致使广西海岛区保存有不同高度的基岩侵蚀剥蚀台地。它们经过长期的地表水侵蚀切割，海浪的侵蚀破坏，有些呈现岗峦起伏的形态星罗棋布于海湾近岸海区，有些成片散布于海

照片3-11　横路山火山口由于风化剥蚀作用及植被覆盖,形似一个盾形火山锥地貌特征（黎广钊摄）

照片3-12　斜阳岛斜阳村火山口呈现四周高,中间低的一个火山口洼地地貌特征（黎广钊摄）

湾之中,形成了成群岛屿,现将各个岛屿按海拔高度划分侵蚀剥蚀台地仍显示出高度相近,呈群岛状或零星分布的规律,按海岛海拔高度的不同,侵蚀剥蚀台地可分为三级即三级侵蚀剥蚀台地、二级侵蚀剥蚀台地、一级侵蚀剥蚀台地:

海岛三级侵蚀剥蚀台地（$F2_5^3$）,地形海拔高度>50 m至<200 m;

海岛二级侵蚀剥蚀台地（$F2_5^2$）,地形海拔高度15~50 m;

海岛一级侵蚀剥蚀台地（$F2_5^1$）,地形海拔高度<15 m。

1）海岛三级侵蚀剥蚀台地

三级侵蚀剥蚀台地的地形海拔高度>50 m至<200 m,在海岛调查区内形成海拔高度小于200 m而大于50 m的三侵蚀剥蚀台地仅见于钦州湾中部龙门群岛中的松飞大岭,海拔高度60.4 m,三子沟大岭海拔高度56.0 m,仙人井大岭岛海拔高度51.0 m,樟木环海拔高度52.0 m,大胖山拔高度55.6 m等5个岛屿。它们呈群岛状分布于钦州湾中部海域之中。广西海岛中三级侵蚀剥蚀台地总面积为2.21 km²,占广西海岛地貌成因

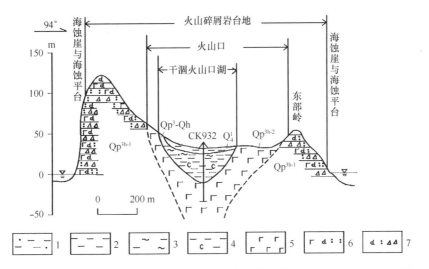

图 3-6 斜阳岛斜阳村火山口剖面图（据广西地质局北海地矿公司，1990，改编）

1. 砂质黏土，2. 黏土，3. 淤泥质黏土，4. 炭质黏土，5. 玄武岩，6. 玄武质沉凝灰岩，

7. 沉凝灰火山角砾岩

照片 3-13 斜阳岛斜阳村干涸火山口湖地貌特征（黎广钊摄）

类型总面积的 200. 19 km² 的 1. 10%。在海岛侵蚀剥蚀台地中，三级侵蚀剥蚀台地分布面积最小，占侵蚀剥蚀台地面积 26. 73 km² 的 8. 27%。该级台地主要由志留系连滩群粉砂岩、石英砂岩、泥质粉砂岩、页岩构成，如照片 3-14 揭示了钦州湾中部龙门群岛中樟木环岛西南岸出露志留系连滩群灰色、灰紫色粉砂岩、泥质粉砂岩地貌特征。岛与岛之间由潮流通道相隔，呈现海岛与潮流通道相间分布格局，如照片 3-15 所示。该级海岛侵蚀剥蚀台地呈垅岗状的岛屿分布在海湾之中，其表层多形成红壤型风化壳。风化物由岩石碎块构成，多为棱角状和次棱角状及不规则状，一般 3~5 cm，大者达 10 cm，在岩块之间多充填岩屑和砂，黏土含量甚少，生长草丛和灌丛及马尾松等植物。

照片 3-14　龙门群岛中樟木环岛西南岸出露志留系连滩群粉砂岩、泥质粉砂岩地貌特征（黎广钊摄）

照片 3-15　龙门群岛中松飞大岭一带海岛三级侵蚀剥蚀台地与潮流通道相间地貌特征（黎广钊摄）

2）海岛二级侵蚀剥蚀台地

海岛二级侵蚀剥蚀台地海拔高度为 15～50 m，广泛分布于钦州湾中部龙门港至钦州港一带海域和伸入内陆潮流汊道以及防城港东、西湾北部海域，在大风江河口湾中、北部海域同样呈成片分布、钦山港湾北部海域呈零星分布。其中钦州湾中部龙门港至钦州港一带海域的岛屿星罗棋布，成群成片展现于近岸海域之中，形成二级侵蚀剥蚀台地岛屿群（图 3-7）。海岛二级侵蚀剥蚀台地总面积 21.05 km²，占广西海岛地貌成因类型总面积的 200.19 km² 的 10.52%。在海岛侵蚀剥蚀台地中，二级侵蚀剥蚀台地分布面积最大，占侵蚀剥蚀台地面积 26.73 km² 的 78.75%。海岛二级侵蚀剥蚀台地主要由志留系连滩群砂岩、粉砂岩、页岩和侏罗系中上统砂岩、泥岩、砂砾岩构成。在钦州湾内则由于光坡复背斜褶皱构造和钦州湾一带的被"X"型断裂构造及流水冲刷的影响，该级侵蚀剥蚀台地被切割得较为破碎而成为海中星罗棋布的岛屿，如照片 3-16 所示。在海岛侵蚀剥蚀台地中，通常可见其面向外海一侧受风浪的侵蚀而形成海蚀崖和海蚀阶地，如樟木环岛南面海岸被波浪侵蚀形成基岩海蚀阶地，如照片3-17所示；在其背向风浪的一侧则形成宽约50~100 m，坡度较缓的红树林滩或沙泥滩，如曲岭岛背岸红树林滩发育，如照片3-18所示。在该级海岛侵蚀剥蚀台地中，西村岛最大，面积达10.70 km²，由于该岛台地的地表水切割而形成有高度相近的低缓岗丘，并有水塘或海积平原分布于岗丘之间。这级侵蚀剥蚀台地形态上为圆形或椭圆形或不规则的为长方形，台地顶部浑圆状。该级海岛侵蚀剥蚀台地岛体大部分处于自然状态，尚未开发，部分海岛台地的沿岸低洼为海积平原或为海水养殖场，海岛台地南岸向海一侧常伴有海蚀崖或海蚀洞。

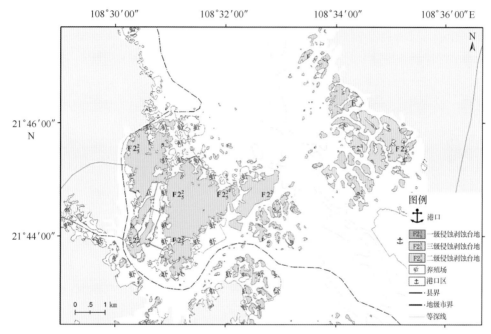

图3-7　钦州湾中部龙门港至钦州港一带海域海岛群二级侵蚀剥蚀台地空间分布特征

照片3-16　龙门群岛二级侵蚀剥蚀台地被"X"型断裂构造切割而形成海中
星罗棋布的岛屿（黎广钊摄）

照片 3-17　龙门群岛中通常可见其面向外海一侧受风浪侵蚀而形成海蚀阶地地貌（黎广钊摄）

照片 3-18　龙门群岛中通常可见其背向风浪的一侧则形成红树林滩或沙泥滩地貌（黎广钊摄）

3）海岛一级侵蚀剥蚀台地

海岛一级侵蚀剥蚀台地海拔高度小于 15 m，主要分布于钦州湾龙门岛群南部及北部、防城港湾防城江河口区和暗埠口江东北部海域及潮流汊道两侧，还有珍珠港及大风江内，均为基岩小岛，面积较小，总面积 3.47 km²，占广西海岛地貌成因类型总面积的 200.19 km² 的 1.73%。在海岛侵蚀剥蚀台地中，一级侵蚀剥蚀台地分布面积较小，占侵蚀剥蚀台地面积 26.73 km² 的 12.98%。该级海岛侵蚀剥蚀台地的岛屿顶部多发育红壤型风化壳，厚约 1~2 m，其地表植被发育良好，如照片 3-19 反映了犀牛脚大环村南岸海域的急水山岛顶部红壤型风化壳生长茂盛的植被，其向海侧海岸发育海蚀地貌。这级侵蚀剥蚀台地岛屿沿岸向海侧普遍受风浪侵蚀形成海蚀崖、海蚀阶地，背风侧海岸则形成堆积地貌，如钦州湾口大、小三墩岛南侧形成高 8~10 m 的海蚀崖和宽 60~80 m 的海蚀阶地或岩滩，其背风向即北侧形成堆积沙滩或砂砾滩，如照片 3-20 所示。

照片 3-19　犀牛脚大环村南岸海域的急水山岛顶部红壤型风化壳生长茂盛的植被
及其南岸-西南岸海蚀崖、岩滩地貌（黎广钊摄）

照片 3-20　大三墩岛南岸（右）形成海蚀崖、岩滩，北岸（左）
形成沙滩地貌格局（黎广钊摄）

3.3.3　流水地貌、海成地貌类型及其空间分布特征

1）流水地貌

广西海岛流水地貌类型单一，仅有冲积平原，且分布具有局限性，空间狭窄、面积小，仅见于涸洲岛东南部石盘河、西南部石螺河以及中部城仔村、东南部上仔村、横岭等地的冲沟中，面积 1.37 km²，占广西海岛地貌成因类型总面积的 200.19 km² 的 0.68%，呈条带状分布，详见 3.3.1 节中图 3-3 所示。沉积物主要由棕红、灰黄色的砂质黏土组成，已开辟为农作物耕地。

2）海成地貌

（1）冲积-海积平原

广西海岛冲积-海积平原分布空间狭窄，局限性强，面积很小，仅见于北仑河口独墩岛，总面积 0.13 km²，占广西海岛地貌成因类型总面积 200.19 km² 的 0.07%，呈不规则长方形状。冲积-海积平原的沉积物由灰色、灰黄色、深灰色的泥质细砂、砂质黏土组成，几乎都开辟为水稻田。

（2）海积平原

海岛海积平原分布空间范围较窄，面积亦小，主要见于长榄岛、针鱼岛、西村岛等海岛中，平面形态似块状或长条状分布，其海拔高程一般 1.5~2 m，也有的低于高潮位 1 m 左右，但均有人工海堤保护。总面积 6.02 km²，占广西海岛地貌成因类型总面积的 200.19 km² 的 3.01%。海积平原后缘与基岩侵蚀剥蚀台地相连，前缘与人工海堤相接，在长榄岛、针鱼岭岛一带的海积平原表面平坦，现多数辟为养殖场和农作物耕地，海积平原表层沉积物多为灰色或灰黑色淤泥质砂或砂质淤泥。

（3）潟湖堆积平原

广西海岛潟湖堆积平原分布空间狭窄，并具有局限性，面积小，仅见于涠洲岛东北部横岭、北部北港—苏牛角坑、西北部西角和石角咀等地的滨海沙堤内侧，总面积 2.11 km²，占广西海岛地貌成因类型总面积的 200.19 km² 的 1.05%。该类地貌地形平坦，呈长条状或块状分布，为昔日与海相通的半封闭的潟湖或潮汐通道演变而成，平面形态似指状伸入陆地，靠陆一侧常与火山碎屑岩台地的残坡积红土陡坎相接，靠海一侧多与沙堤相连（图 3-3），长约 900~1 500 m，宽 100~600 m，海拔 3~5 m，其沉积物主要由黏土质砂和粉砂质黏土组成。现有涠洲岛的潟湖堆积平原有的辟为农作物耕地，有的已荒废为草地、牧场，如涠洲岛东北部横岭、西北部石角咀实测地貌剖面图 3-8 和图 3-9 反映了潟湖堆积平原与沙堤、火山碎屑台地的空间分布格局。同样，照片 3-21 揭示了涠洲岛东北部横岭潟湖堆积平原（作物耕地）与其相邻地貌特征，照片 3-22 则反映出涠洲岛西北部石角咀潟湖堆积平原（草地、牧场）与其相邻地貌特征。

（4）三角洲平原

海岛三角洲平原主要分布于南流江河口的南域围、更楼转、七星岛以及钦江河口的沙井岛和茅岭江河口的团和岛等河口沙泥岛，形成规模较大，呈东北—西南向展布，地势平坦，宽阔，属于南流江河口三角洲平原和钦江—茅岭江复合河口三角洲平原的一部分，总面积 19.62 km²，占广西海岛地貌成因类型总面积的 200.19 km² 的 9.80%。三角洲平原海岛中有 50% 以上的面积已开发为海水养殖场，使自然的三角洲平原形成不规则的网状人工地貌——养殖场。如南流江河口海岛三角洲平原的养殖场呈蜘蛛网状分布于三角洲平原上（图 3-10）。三角洲平原沉积物的岩性上部为灰色淤泥质粉砂和灰色砂-淤泥-粉砂，含极少粗砂和灰色砂，以细砂为主，含少量泥质沉积物；下部为灰黄、棕红色、浅黄灰色砂砾。

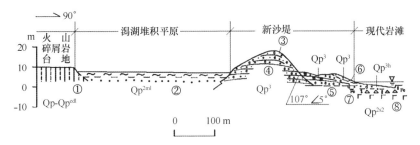

图 3-8 涠洲岛东北部横岭潟湖堆积平原与其相邻地貌实测剖面图
①红土；②淤泥、黏土及砂；③含生物碎屑中-细砂；④含生物碎屑海滩砂岩、粗
粒-细砾状石英砂质生物碎屑海滩岩；⑤细-中砾状含砂珊瑚碎屑海滩岩及粗粒-细砾
状石英砂质生物碎屑海滩岩；⑥砂质生物碎屑和生物碎屑细砂；⑦沉凝灰岩及凝灰质
砂岩；⑧褐铁矿化凝灰质火山角砾岩及玄武岩

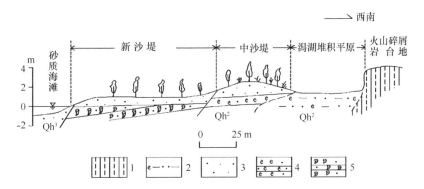

图 3-9 涠洲岛石角咀潟湖堆积平原与其相邻地貌剖面（据广西地质局北海地矿公司 1990，改编）
1. 红土，2. 含生物碎屑黏土质砂，3. 中细砂，4. 生物碎屑海滩岩，5. 珊瑚碎屑海滩岩

照片 3-21 涠洲岛东北部横岭潟湖堆积平原（作物耕地）与其相邻地貌特征（黎广钊摄）

照片 3-22　涠洲岛西北部石角咀潟湖堆积平原（草地、牧场）与其相邻地貌特征（黎广钊摄）

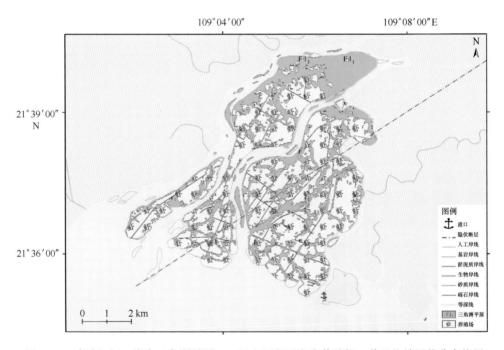

图 3-10　南流江河口海岛三角洲平原 50% 以上面积开发为养殖场，其呈蜘蛛网状分布格局

3.3.4　海岛重力地貌

海岛重力地貌成因类型单一，只有倒石堆一种类型。海岛倒石堆分布空间非常小，仅见于涠洲岛西南部滑石咀—蕉坑和西部大岭、高岭—龟咀及猪仔岭东岸等基岩海岸海蚀崖下的海蚀阶地（即海蚀平台）上。涠洲岛基岩海岸的倒石堆一般长为 10~50 m，最长达 80 多米，高度 5~20 m。倒石堆由大型岩块组成，一般长 1~2 m，宽 0.5~

1.5 m，大者达长 3.0~4.0 m，宽 2.0~3.0 m。其中涠洲岛西岸大岭岸段海蚀崖下海蚀平台上的倒石堆规模最大，长达 82 m，高 21 m，倒石堆岩块最大者长 3.5 m，宽 2.6 m，如照片 3-23 所示；涠洲岛西岸高岭岸段海蚀崖下海蚀平台上的倒石堆规模也较大，长达 50 m，高 10~15 m，沿着海蚀崖垂直崩塌，形成带状倒石堆，如照片 3-24 所示。倒石堆大岩块岩性主要由沉凝灰岩及火山角砾岩组成。倒石堆成因主要是海浪长期不断冲蚀海蚀崖脚，使崖脚根基被波浪冲蚀破坏，支撑不住崖体自身重力时，海蚀崖即发生崩塌，堆积形成在海蚀崖脚下海蚀平台上的倒石堆。这种现象在侵蚀岸段现今仍在继续发展形成过程中。

照片 3-23　涠洲岛西岸大岭海蚀崖脚下的倒石堆海蚀平台上的倒石堆地貌特征（黎广钊摄）

照片 3-24　涠洲岛西岸高岭岸段沿着海蚀崖垂直崩塌，形成带状倒石堆地貌特征（黎广钊摄）

3.3.5　海岛人工地貌类型及其空间分布特征

广西海岛的人工地貌主要有养殖场、港口码头、人工海堤、水库、防潮闸等 5 类。现将前 4 类人工地貌叙述如下。

1）养殖场

养殖场是指海水养殖场（又称海水养殖池塘），是广西海岛主要人工地貌之一，主要分布于南流江三角洲平原海岛（如3.3.3节中图3-10所示，包括南域围岛、更楼围岛、七星岛）、钦江河口的沙井岛、茅岭江河口的团和岛、龙门岛、西村岛、针鱼岛和长榄岛中，而钦山港、大风江、防城港湾东湾、珍珠港等海湾沿岸的岛屿周边和岛屿与岛屿之间由人工海堤围成的区域。养殖场总面积达88.47 km²，占广西海岛地貌成因类型总面积的200.19 km²的44.19%。其中，南流江三角洲平原的更楼围、南域围、七星岛等海水养殖场面积最为广泛，如3.3.3节图3-10中清楚地显示了南流江河口海岛海水养殖场网状分布特征，如照片3-25反映了南流江三角洲平原更楼围海水养殖场人工地貌景观；还有钦江河口的沙井岛、茅岭江河口的团和岛、长榄岛—针鱼岭岛等海水养殖场面积也较大，如照片3-26反映了钦江口沙井岛海水养殖场人工地貌状况，照片3-27反映了钦洲湾中部龙门西村岛海水养殖场人工地貌特征，照片3-28反映防城港西湾长榄岛全岛冲积-海积平原开辟建成海水养殖场人工地貌现状。而其他岛屿开辟的海水养殖场面积相当小，如松飞大岭岛沿岸山坳处的海水养殖场面积很小。海岛区养殖场大部分是由原有的海岛海积平原或冲积-海积平原经人工开挖建成的，部分为通过人工围垦滩涂建成的。

照片3-25　南流江三角洲平原更楼岛海水养殖场人工地貌景观（黎广钊摄）

2）港口码头

广西海岛的港口资源较为丰富，水深、避风，泥沙洄淤少，基岩岸线居多，是建设深水港口的优良场所。目前在钦州湾中部东岸籁沟墩岛建成钦州港籁沟作业区（照片3-29），龙门岛南岸和东南岸建成龙门商、渔港；涠洲岛南湾建成南湾渔港，其西北部西角岸段建成了终端炼油厂码头和涠洲客运码头，西北岸后背塘村西岸建成了30万吨级单点泊位石油码头；还有北海外沙岛的外沙商、渔港，茅岭江口东侧团和岛西岸茅岭港，钦江口的沙井岛的沙井港等，总面积2.54 km²，占广西海岛地貌成因类型

照片 3-26　钦江口沙井岛海水养殖场人工地貌景观（黎广钊摄）

照片 3-27　龙门西村岛海水养殖场人工地貌景观（黎广钊摄）

照片 3-28　防城港西湾长榄岛全岛冲积-海积平原开辟建成海水养殖场人工地貌景观（黎广钊摄）

总面积的 200.19 km² 的 1.27%。近 10 年来，广西海岛港口码头及港口工业发展较快，尤其是钦州湾、防城港湾由于港口码头的迅速扩建，在原有岛屿基础上经人工推山填海和吹沙填海建成临海工业区和码头区。照片 3-29 显示了钦州港箖沟作业区 1、2 号泊位人工地貌景观，照片 3-30 反映了涠洲岛西北岸终端炼油厂码头和涠洲客运码头人工地貌景观，照片 3-31 反映了龙门岛商、渔港码头人工地貌景观。

广西海岛沿岸港口码头规模大小调查统计结果见表 3-5。

表 3-5　广西海岛沿岸港口码头面积统计表（单位：km²）

箖沟墩岛	钦州港箖沟作业区	1.94	大型商港	推岛或吹沙填海
龙门岛	龙门港	0.16	以渔为主，兼商用	沿岸吹沙填海
涠洲岛	涠洲港、石化码头	0.22	渔用及客运货运	突堤式，栈桥式
外沙岛	北海外沙港	0.13	以渔用为主	沿岸吹沙填海
更楼围岛	合浦金滩港	0.04	渔业用小型港口	沿岸吹沙填海
沙井岛	沙井港	0.05	中小型散杂货	沿岸吹沙填海
合计		2.54		

照片 3-29　钦州港箖沟岛箖沟作业区 1、2 号泊位人工地貌景观（黎广钊摄）

3）水库

仅见于涠洲岛西角村，称涠洲西角水库（又称相思湖水库），面积 0.28 km²，占广西海岛地貌成因类型总面积的 200.19 km² 的 0.14%。该水库是人工挖掘而成的岛上唯一的淡水湖，积蓄雨水而成，如照片 3-32。涠洲岛西角水库的集雨面积为 5.5 km²，总库容为 241 万 m³，效库容为 188 万 m³，目前主要用于提供涠洲岛城镇居民生活用水和农业灌溉用水。

4）人工海堤

海堤是指人为建设而防止海洋灾害如海水、波浪、台风暴潮等侵蚀海岸的石质或

照片 3-30 涠洲岛西北岸终端炼油厂码头和涠洲客运码头人工地貌景观（黎广钊摄）

照片 3-31 龙门岛商、渔港码头人工地貌景观（黎广钊摄）

照片 3-32 涠洲岛西角水库人工地貌（黎广钊摄）

泥质堤坝，广西各海岛沿岸的人工海堤都是由石块和水泥混凝土建成。人工海堤对海岛的海积平原、海水养殖、港口码头、海岛港口城镇区等起到防灾减灾的保护作用。如涠洲岛南湾沿街防浪海堤，防城江口长榄岛海水养殖场防洪防浪海堤，南流江口更楼围岛沿岸防洪防浪人工海堤等，如照片 3-33 和照片 3-34 所示。

照片 3-33　涠洲岛南湾沿街防浪人工海堤地貌（黎广钊摄）

照片 3-34　南流江口更楼围岛沿岸防洪防浪人工海堤地貌（黎广钊摄）

3.3.6　岩滩、海滩等潮间带地貌类型及其空间分布特征

根据海岛地貌调查结果，潮间带地貌按地貌形态，成因类型可划分为岩滩、海滩、潮滩、珊瑚礁坪等 4 个二级类。在广西沿岸海岛中基岩岛屿占绝对优势，占 98%以上，岩滩地貌非常发育，其次为海滩地貌，而潮滩地貌相对较少。珊瑚礁坪地貌仅见于涠洲岛。

1）岩滩

广泛分布于涠洲岛西岸大岭—高岭—龟咀、西南岸蕉坑—滑石咀、东南岸猪仔岭至石盘河一带，斜阳岛、大庙墩岛、急水门岛、钦州湾口东侧三墩岛，钦州湾中部青菜头岛以龙门岛群等岛屿的潮间带内，岩滩地貌根据地貌形态、空间分布、成因类型、水动力作用特征可划分为海蚀阶地、古海蚀崖、海蚀崖、海蚀穴、海蚀沟、海蚀桥、海蚀柱等 7 种三级类。

（1）海蚀阶地

海蚀阶地（又称海蚀平台），是基岩海岸在海浪长期侵蚀作用下，海蚀穴崩塌、海蚀崖不断后退而形成的向海微微倾斜的平台，又称波切台。该类地貌成因类型沿海蚀崖呈条带状分布，规模很小，总面积 1.70 km²，仅占广西海岛地貌成因类型总面积的 200.19 km² 的 0.85%。海蚀阶地主要见于涠洲岛、斜阳岛、大庙墩岛、急水山岛、乌雷炮台岛、大三墩和小三墩岛、青菜头岛、龙门岛群等地潮间带内。海蚀阶地位于潮间带中上部，退潮期间出露，涨潮期间淹没，沿海岸呈狭长条带状分布，长数百米至 10 km，宽 10~100 m 不等。

涠洲岛、斜阳岛海蚀阶地的地貌形态复杂程度随着海岸岩性不同而变化。一般由凝灰质砂岩、玄武质沉凝灰岩构成的海岸形成的海蚀阶地的地面平坦、简单，没有明显起伏的微地貌现象，如涠洲岛西岸大岭岸段的海蚀阶地（海蚀平台）和斜阳岛东部湾的海蚀阶地的地面被波浪侵蚀如刀切一样平坦干净，如照片 3-35、照片 3-36 所示。

照片 3-35　涠洲岛西岸大岭岸段被波浪侵蚀形成平坦干净的海蚀阶地地貌格局（黎广钊摄）

犀牛脚近岸的大庙墩岛、急水山岛、乌雷炮台岛和钦州湾口大、小三墩岛的南侧或西南侧形成的海蚀阶地（海蚀平台）宽度大小不一，一般宽 40~100 m。犀牛脚近岸的海岛海蚀阶地岩性主要由志留系砂岩、粉砂岩、页岩、泥岩构成，通常由砂岩、粉砂岩构成的海蚀阶地，其表面较为平整，且宽度较大，如急水山岛西南侧海蚀阶规模较大，自西南岸向西南延伸达 500 多米。由页岩、泥岩和粉砂岩或砂岩互层构成的海蚀阶地，其宽度较窄，呈高低不平，表面形成脊状、锯齿状、沟槽状，如钦州湾口大三墩岛南岸形成的海蚀阶地宽 40~80 m，其表面遭受海浪侵蚀形成高低不平的脊状、沟槽状地貌形态，如照片 3-37 所示；青菜头岛南岸遭受海浪侵蚀形成的海蚀阶地，其岩滩面呈现锯齿状地貌特征，照片 3-38 所示。

照片 3-36　斜阳岛东部湾岸段被波浪侵蚀形成平坦干净的海蚀阶地地貌格局（黎广钊摄）

照片 3-37　钦州湾口大三墩南岸海蚀阶地形成脊状、沟槽状地貌形态（黎广钊摄）

照片 3-38　青菜头岛南岸海蚀阶地呈现锯齿状地貌特征（黎广钊摄）

（2）古海蚀崖

古海蚀崖是指现今不遭受海水波浪侵蚀的"死"海蚀崖。海岛古海蚀崖仅见于涠洲岛南湾街自东端居民房屋—街道—中国石化加油站—环岛公路上坡转弯处一带的古海蚀崖较为明显，崖岩高 20～50 m 不等，延伸长度约 2.5 km，崖壁直立，局部为陡坡，位于涠洲岛南湾街中国石化加油站岸段的古海蚀崖高 25～40 m，古海蚀崖脚下的海蚀阶地已全部开发建设成街道和居民房屋，如照片 3-39 所示。在岩壁上残存有海蚀作用遗迹，分布有大小不等的海蚀穴等海蚀微地貌，常有植物生长，崖脚与海蚀阶地后缘相连，波浪已作用不到崖脚，海蚀崖已停止发育。

照片 3-39　涠洲岛南岸中国石化加油站岸段古海蚀崖地貌特征（黎广钊摄）

（3）海蚀崖

海蚀崖是指现今仍不断遭受波浪侵蚀的"活"海蚀崖，多见于沿岸的基岩岬角或海岛的迎风浪一侧，其形成因素是海浪长期侵蚀、冲刷和重力作用。海蚀崖在涠洲岛、斜阳岛、犀牛脚急水山岛、大庙墩岛和钦州湾口大、小三墩岛等地的海蚀崖地貌十分发育。海蚀崖现今仍受到海浪冲蚀作用，其前缘一般形成有海蚀平台，崖面上形成有多级海蚀穴（洞），如涠洲岛西岸大岭—高岭一带海蚀崖自崖脚向上形成一级、二级、三级海蚀洞（图 3-11），在海浪侵蚀和重力的作用下，海蚀崖仍在不断后退之中。

涠洲岛西岸、西南岸、东南岸及斜阳岛四周沿岸的海蚀崖非常发育。涠洲岛海蚀崖一般高 10～25 m，而在南湾西岸、猪仔岭南岸、高岭—大岭—龟咀崖壁较高达 35～45 m。西部龟咀海蚀崖险峻、陡峭、直立，高达 45 m；西部高岭海蚀崖高 40～50 m，并有新岩块崩塌，如照片 3-40 显示出涠洲岛西岸龟咀岸段海蚀崖高 50 m，形似龟咀状态。而斜阳岛海岸东部湾岸段的海蚀崖高达 70～80 m，长数百米至几千米，崖壁被海浪侵蚀形成锯齿状，崖壁下形成平坦的海蚀阶地，如照片 3-41 所示。两岛沿岸的海蚀崖的壁陡峭耸立，在海蚀崖不同的高度上，常见有大小不等、形态各异的海蚀洞穴，壁岩中还可见大小不等的火山弹，海蚀崖上部常有仙人掌生长，崖脚处仍遭受波浪冲

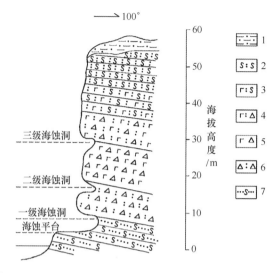

图 3-11　涠洲岛大岭活海蚀崖、海蚀平台和海蚀穴剖面图

1. 红土，2. 风化沉凝灰岩，3. 玄武质沉凝灰岩，4. 玄武质凝灰火山角砾岩，
5. 玄武质火山角砾岩，6. 凝灰质火山角砾岩，7. 沉凝灰砂岩

照片 3-40　涠洲岛西岸险要、陡峭、直立式海蚀崖地貌格局（黎广钊摄）

蚀，形成有海蚀洞穴，局部因重力作用时有崩塌现象。

　　在钦州湾、防城港湾、珍珠港等海湾内外的岛屿，其迎浪面，多为南岸受到海浪侵蚀而形成有海蚀崖，其高度为 10~20 m，如钦州湾口外东南海域的大庙墩、大三墩、小三墩、急水山，钦州湾颈部青菜头，企沙半岛南岸天堂坡的蝴蝶岭等海岛。这些海岛普遍出现在迎浪岸即南岸受侵蚀，背浪岸即北岸出现堆积，致使岛屿的南北两侧明显不对称，亦是如此。如钦州湾口外东南海域的大庙墩其南岸形成高 10~15 m 的海蚀崖，宽 30~70 m 的岩滩等海蚀地貌，北岸则形成长约 80 m，宽 40~90 m 的沿岸沙滩堆积地貌，如照片 3-42 所示。在钦州湾口大三墩、小三墩、急水山，钦州湾颈部青菜

照片 3-41 斜阳岛东部湾岸段被波浪侵蚀形成险峻、陡峭的锯齿状海蚀崖特征（黎广钊摄）

照片 3-42 大庙墩岛南岸（左）形成海蚀崖和岩滩，北岸（右）形成沙滩地貌格局（黎广钊摄）

照片 3-43 青菜头岛南岸（左）海蚀崖和岩滩，北岸（右）砂砾滩地貌格局（黎广钊摄）

头，企沙半岛南岸天堂坡的蝴蝶岭等海岛同样呈现南岸为海蚀崖、岩滩等海蚀地貌，北岸为沙滩或砂砾滩地貌特征，如照片 3-43 所示。

（4）海蚀穴

海蚀穴又称海蚀洞，发育于海蚀崖与海蚀阶地交界附近的海蚀崖面或海蚀崖面不同标高部位。该类海蚀地貌主要见于涠洲岛、斜阳岛、龙门岛群中的部分岛屿。如涠洲岛南湾东岸岬角海蚀崖壁下的龟洞规模较大，洞高 3.45 m，洞深 21.5 m，洞口宽20.8 m，如照片 3-44 所示。该海蚀洞外形似一只匍匐在沙滩上的海龟，故称龟洞。在涠洲岛高岭脚西侧海蚀崖脚下形成有多个海蚀洞排列，其中有两个相近排列而形似牛鼻，故称牛鼻洞，如照片 3-45 所示。该牛鼻洞东（右）洞高 4.2 m，洞深 13.9 m，洞口宽 13.8 m；西（左）洞高 3.15 m，洞口宽 26.0 m，洞深 8.8 m。斜阳岛沿岸的海蚀崖面上，也可见到不同高度的海蚀洞分布，如照片 3-46 所示。

照片 3-44　涠洲岛南湾口东岸岬角海蚀崖壁下的海蚀穴形似一只匍匐
在沙滩上的海龟状地貌形态（黎广钊摄）

照片 3-45　涠洲岛高岭脚西侧海蚀崖脚下形成有两个相近排列而形似牛鼻状地貌地态（黎广钊摄）

（5）海蚀沟、海蚀桥、海蚀柱

海蚀沟、海蚀桥、海蚀柱、海蚀蘑菇都是发育于海蚀阶地上的微型地貌。位于涠洲岛西岸、西南岸、东南岸是由沉凝灰火山角砾岩、玄武质火山角砾岩构成的基岩海

照片 3-46 斜阳岛沿岸的海蚀崖壁下形成不同高度的海蚀洞地貌形态（黎广钊摄）

岸，遭受海浪侵蚀形成的海蚀阶地的地面高低起伏不平，海蚀阶地上发育有海蚀柱、海蚀沟、海蚀桥等微地貌类型。

　　海蚀沟在涠洲岛滴水村东南岸段的海蚀阶地（海蚀平台）上尤为典型。海蚀沟的宽度为 20~40 cm，长为 1.0~3.0 m 之间，往往形成数条平行排列，并且垂直海岸分布，如照片 3-47 所示。海蚀沟是海水、海浪沿玄武质凝灰岩、凝灰火山角砾岩的节理冲蚀而成的。

照片 3-47 滴水村东南岸段海蚀阶地上形成的海蚀沟地貌形态（黎广钊摄）

　　海蚀桥仅见于涠洲岛南湾西岸地质公园内滑石咀东南岸海蚀崖下的海蚀阶地中，形似拱桥，为石质天然拱桥，又称天生桥，高约 4.0 m，宽约 8.0 m，长约 15.0 m，桥面不平整，如照片 3-48 所示。该海蚀桥是海蚀阶地在海浪的冲刷、掏蚀作用下，由海蚀洞逐步扩大加深，洞顶内部部分岩石崩塌后残留形成的。

　　海蚀柱（又称海蚀墩），主要分布于涠洲岛南部西南岸滑石咀—蕉坑海岸、石螺口西南岸的海蚀阶地上靠近海一侧，一般在潮间带中部区域，形态多种多样，不规则状，

照片 3-48　南湾西岸滑石咀东南岸海蚀阶地上的海蚀桥地貌形态（黎广钊摄）

一般高 1~3 m，长 4~7 m，宽 3~5 m，如蕉坑岸段的海蚀阶地分布有多个不同形状的海蚀柱（墩），如照片 3-49 所示。尤其是石螺口西南岸的海蚀阶地上形成有一海蚀柱（墩）较为大型，其形态似蘑菇状，上部大，下部小，上部为不规则的长方形，长约 8.0 m，宽约 5.0 m，下部较窄，长约 6.0 m，宽约 3.0 m，如照片 3-50 所示。海蚀柱是在海蚀阶地上由进退潮流和波浪共同作用下形成的，通常在高潮期间被海水淹没，低潮期间出露。

照片 3-49　蕉坑岸段海蚀阶地上形成小型海蚀柱，其外侧覆盖一薄层沙层地貌（黎广钊摄）

2）海滩

广西沿岸海岛的海滩地貌只有涠洲岛的北部、东部及西南部发育较好，其余岛屿海滩地貌发育较差。涠洲岛海滩地貌有沿岸沙堤、海滩岩、沙滩等 3 个三级类。

（1）沿岸沙堤

广西海岛沿岸沙堤具有局限性、规模小的特点，仅分布于涠洲岛东部横岭、北部苏牛角坑和北港、西北部后背塘和西角、西南部竹蔗寮至滴水村等地沿岸，在南湾西

照片 3-50　石螺口西南岸段中的海蚀阶地上海蚀柱（又称海蚀蘑菇）地貌形态（黎广钊摄）

北岸局部亦形成有小型沙堤；在麻蓝岛北部亦有小型沙堤分布。海岛沿岸沙堤总面积 2.71 km²，仅占广西海岛地貌成因类型总面积的 200.19 km² 的 1.35%。沙堤呈条带状、牛轭状分布，长 100~1 600 m，宽 40~450 m。按其形成年代、形态、结构及空间分布特征可进一步划分老、中、新沙堤（图 3-12）。

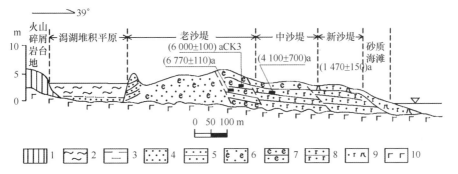

图 3-12　涠洲岛北部苏牛角坑海滩地貌实测剖面图

1. 红土，2. 淤泥，3. 黏土，4. 砂，5. 海滩砂岩，6. 含生物碎屑砂，7. 生物碎屑海滩岩，

8. 珊瑚碎屑海滩岩，9. 珊瑚、贝壳碎屑砂，10. 玄武岩

① 老沙堤

分布于苏牛角坑—北港及后背塘至西角等地，长 550~1 600 m，宽 40~400 m，标高 5~16.5 m。呈平缓堤状，平行海岸分布。向陆方向在苏牛角坑和北港与潟湖平原连接（图 3-12），后背塘则与火山碎屑岩台地连接，向海方向均与中沙堤连接。堤上生长植物和树林，局部人工采砂，原貌遭受破坏。沉积物由土黄、棕黄色中细砂、土黄、灰黄、灰白色含生物碎屑中细砂及生物碎屑海滩岩组成。在后背塘老沙堤埋深 6.8 m 处的生物碎屑¹⁴C 年代测定绝对年龄为（6 900±100）aB.P.，在苏牛角坑老沙堤埋深 3.6 m 处的生物碎屑¹⁴C 年代测定绝对年龄为（6 770±110）aB.P.，埋深 1.5 m 处的珊

瑚碎屑[14]C 年代测定绝对年龄为（6 000±100）aB. P.，这说明涠洲岛老沙堤形成于（6 000~6 900）aB. P.，属中全新世早期。

② 中沙堤

中沙堤断续分布于北港、苏牛角坑、后背塘、西角、下牛栏等沿岸。近陆一侧与老沙堤或潟湖堆积平原相连，近海一侧与新沙堤连接（图 3-12）。长 300~1 800 m，宽 20~300 m，海拔 4~15.8 m，相对高度一般为 2~5 m。中沙堤向陆侧坡度较缓，向海一侧坡度较陡，其上生长有茂密的树木和植被。沉积物上部为灰白色中细砂，中部为中-细粒海滩砂岩，下部为不等粒生物碎屑海滩岩和珊瑚碎屑海滩岩组成。[14]C 年代测值为（4 100~2 600）aB. P.，属中全新世中晚期。

③新沙堤

涠洲岛东部横岭至公山背，北部苏牛角坑至北港、后背塘至西角、西南部下石螺—竹蔗寮—滴水等地沿岸均形成有新沙堤。新沙堤内缘与中沙堤接触，且超覆于中沙堤之上，外缘紧连沙滩，呈条带状平行海岸分布。一般标高 2~4 m，长约 1 000~2 000 m，宽约 30~250 m。其形态呈低缓垄状堤，向内陆侧坡度平缓，近海一侧局部岸段如横岭岸段被海浪冲蚀成陡坎、树根裸露及倒塌现象明显。新沙堤上部为灰白色中细砂，含大量珊瑚碎屑和贝壳碎屑，下部为以白色珊瑚碎屑为主并含有贝壳碎屑的海滩岩。涠洲岛西南部下石螺—竹蔗寮—滴水村一带的新沙堤的内侧紧靠火山碎屑台地，外缘连接现代沙滩（图 3-13），表层沉积物为灰黄色含生物碎屑黏土质砂，浅黄、灰白色含生物、珊瑚碎屑细砂。新沙堤[14]C 测年值数据较多，横岭新沙堤[14]C 测年值为（2 295~1 450）aB. P.，苏牛角坑新沙堤为 1 470 aB. P.，后背塘新沙堤为（2 490~1 660）aB. P.，下石螺—竹蔗寮—滴水村新沙堤为（1 870~1 290）aB. P.，属晚全新世。

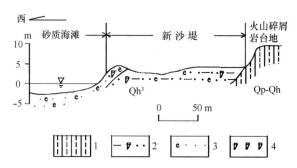

图 3-13　涠洲岛西南部沿岸竹蔗寮地貌实测剖面图（据广西地质局北海地矿公司，1990，改编）

1. 红土，2. 含生物碎屑黏土质砂，3. 含生物碎屑细砂，4. 珊瑚碎屑

涠洲岛沿岸沙坝、潟湖（平原）沉积的下伏地层为火山堆积物（图 3-14），主要岩性为凝灰质砂岩、玄武质沉凝灰岩、玄武质火山角砾岩。

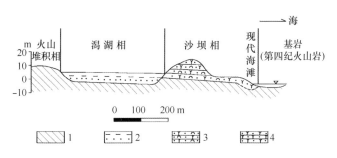

图 3-14 涠洲岛沙坝潟湖下伏层
1. 火山堆积相，2. 潟湖相，3. 沙坝相，4. 现代海滩

（2）海滩岩

海滩岩是指热带、亚热带砂砾质海岸形成的被碳酸盐胶结的海滩相碎屑沉积岩，广西海岛的海滩岩仅见于涠洲岛北部沿岸背后塘—北港—公山背和东部沿岸横岭—下牛栏及西南岸竹蔗寮等地的沿岸沙堤中和海岸高潮带附近，与沿岸沙堤相伴。涠洲岛海滩岩主要由灰白色中粗砾状含珊瑚碎屑不等粒砂质生物碎屑海滩岩、含生物碎屑砂岩组成。海滩岩分布区大部分顶部为一层 1~1.5 m 厚的松散生物碎屑和珊瑚碎屑砂覆盖，只有在海岸沙堤靠海侧的海岸陡坎和人工挖坑中见到。现以涠洲岛西角西北部沙堤海滩岩沉积剖面为代表进行阐述（图 3-15）。从图 3-15 中可以看出，该沙堤剖面宽 390 m，靠陆侧形成宽 150 m 固结的含少量生物碎屑砂岩；靠海侧则形成宽 240 m 固结，坚硬的珊瑚粗砾含生物砂屑海滩岩。海滩岩剖面垂向变化的总趋势呈现下粗上细，由下而上粒径变细的特点，珊瑚砾石含量减少，形成正粒序，珊瑚砾石以 1.5 cm 粒径为基质，珊瑚砾石粒径由下部大于 10 cm 向上过渡到 6 cm 左右，玄武岩砾石也相应从 5 cm 减到 1 cm。海滩岩形成层理较为清晰，岩层中斜层理、交错层理和板状交错层理等均较发育。

根据现场调查，在涠洲岛东部横岭沙堤的海岸陡坎上观察到的海滩岩层理清晰（照片 3-51），从照片 3-51 中可以看出上部为松散灰黄色含生物碎屑细中砂，下部生物碎屑细中砂已胶结成岩、层理清楚、固结坚硬的海滩岩，自上而下明显可分 3 层，上层为含生物碎屑砂岩，中间层为含珊瑚砾石和贝壳碎片砂岩，下部为含生物碎屑砂岩，并呈现上部为板状层理，中部为水平层理，下部为斜层理结构。同时，在涠洲岛东部横岭潮间带上部成片出露含生物碎屑砂岩和含珊瑚砾石砂岩，如照片 3-52、照片 3-53 所示。在涠洲岛东北部公山背东岸潮间带上部海滩遭受海浪侵蚀、冲刷出露珊瑚生物碎屑海滩岩呈板状结构，并揭示了公山背岸段出露的海滩岩是由造礁珊瑚骨骸及碎屑、钙藻屑、贝壳或贝壳碎屑胶结堆积形成的珊瑚生物碎屑海滩岩，如照片 3-54 所示；此外，在涠洲岛西南部竹蔗寮潮间带上部海滩遭受海浪侵蚀、冲刷出露的珊瑚生物碎屑海滩岩呈水平层理结构特征，如照片 3-55 所示。

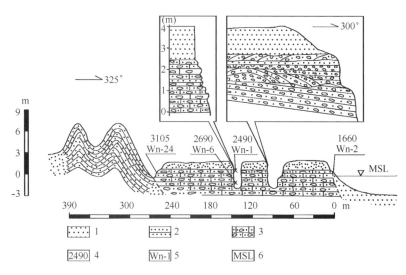

图 3-15 涠洲岛西角西北处海滩岩沉积实测剖面图 (据王国忠, 2001)

1. 疏松砂, 2. 含生物碎屑砂岩, 3. 含珊瑚碎枝砂砾岩, 4. ^{14}C 测年值, 5. 样品号, 6. 平均海平面

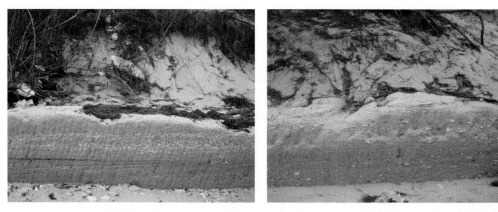

照片 3-51 横岭海岸陡坎出露生物碎屑海滩岩呈板状、水平、斜层理结构 (黎广钊摄)

通过对涠洲岛生物碎屑海滩岩和珊瑚生物碎屑海滩岩的 ^{14}C 年代测定结果表明, 涠洲岛海滩岩形成的地质绝对年代与其所在沙堤形成的时代一致, 分布于涠洲岛西角—后背塘—北港—苏牛坑一带的老沙堤中的海滩岩形成年代为 (5 000～7 500) aB. P., 中沙堤中的海滩岩形成年代为 (2 000～5 000) aB. P.。而分布于涠洲岛西南竹蔗寮—滴水村, 东北部公山背—东部横岭一带沙堤中的海滩岩形成年代晚于 2 000 aB. P.。

(3) 沙滩

海岛沙滩分布具局限性, 规模较小的特点, 主要分布于涠洲岛西北部西角、北部后背塘—北港—苏牛角坑、东北部公山背—沟门—横岭、西南部滴水村—竹蔗寮—石螺口一带潮间带上部, 由含珊瑚碎屑及贝壳碎片细中砂、粗中砂组成, 并含少量玄武

照片 3-52　横岭沙堤海岸潮间带上部人工挖坑出露的生物碎屑海滩岩层（黎广钊摄）

照片 3-53　横岭海岸潮间带成片出露的珊瑚生物碎屑海滩岩（黎广钊摄）

照片 3-54　公山背潮间带上部海滩被海浪冲刷出露珊瑚生物碎屑海滩岩呈板状结构（黎广钊摄）

照片3-55　竹蔗寮海滩上部被海浪冲刷出露珊瑚生物碎屑海滩岩呈水平层理结构（黎广钊摄）

岩岩屑和珊瑚礁块。涠洲岛沙滩宽度在不同的岸段有明显的差异，其中，西南部滴水村—竹蔗寮—石螺口一带沿岸的沙滩较窄，宽度40~100 m不等，且形成坡度较陡，坡度5°~7°之间，沙滩主要由含珊瑚生物碎屑粗中砂组成，并含少量玄武岩岩屑和珊瑚礁碎块的地貌特征，照片3-56所示；西北部西角、北部后背塘—北港—苏牛角坑一带沿岸的沙滩宽度较宽，60~200 m不等，且形成坡度较缓，坡度3°~5°之间，滩面较为平缓、洁净，主要由含珊瑚生物碎屑细中砂组成，如照片3-57、照片3-58所示；东北部公山背—沟门岸段沙滩较窄，宽度40~80 m不等，坡度4°~6°之间，主要由含珊瑚生物碎屑粗中砂、含玄武岩碎块和珊瑚礁碎块组成，如照片3-59所示。另外，在钦州湾口东南海域的大、小三墩岛、大面墩的北岸即背风岸以及鹿耳环江口麻蓝头岛东北岸亦见有宽度30~50 m的沙滩或砂砾滩分布，这些窄小的沙滩沉积物主要由浅黄色粗中砂、并含小砾石组成，在滩面上局部出露基岩，如照片3-60所示。

照片3-56　石螺口岸段向海倾斜的沙滩宽度较窄，坡度较陡的地貌特征（黎广钊摄）

照片 3-57　后背塘村沿岸防护林带与沙滩宽阔、平缓的地貌分布格局（黎广钊摄）

照片 3-58　北港—苏牛角坑沿岸防护林带与宽阔、平缓的沙滩地貌分布格局（黎广钊摄）

照片 3-59　公山背—沟门岸段沙滩上散布玄武岩碎块和珊瑚礁碎块的地貌特征（黎广钊摄）

照片 3-60 大三墩北岸即背风岸沙滩窄、坡度较陡，滩面局部出露基岩的地貌特征（黎广钊摄）

3）潮滩

海岛潮滩主要见于防城港东湾和西湾的岛屿区及钦州湾中部龙门岛群北部的岛屿区。潮滩地貌根据地貌形态、空间分布、成因类型、沉积物组成、水动力作用特征可划分为淤泥滩、沙泥滩、红树林滩、潮沟等 4 个三级类。

（1）淤泥滩

广西沿岸海岛大部分是分布在港湾和海湾内，其面积小，岛与岛之间为潮流沟或潮汐通道所隔，岛屿淤泥滩分布空间受到限制，一般宽 30～50 m，同时大多数岛屿为基岩岛，泥沙来源少，形成淤泥滩厚度不大，一般 0.5～1.5 m。如钦州湾中部龙门岛群北部的樟木环岛东南岸段的淤泥滩宽约 50 m，厚 0.8～1.2 m 之间，主要由灰色、深灰色粉砂质黏土组成，如照片 3-61 所示。

照片 3-61 龙门岛群北部樟木环岛东南岸段养殖池塘海堤外侧的淤泥滩地貌特征（黎广钊摄）

（2）沙泥滩

沙泥滩主要分布于防城港东湾西湾长榄岛、针鱼岭岛、洲墩岛、石屋门岛、龙孔墩、将军岛等周边潮间带中上部，钦州湾龙门岛群北部的岛屿的局部区域，珍珠湾阿公墩岛、大墩岛、白马墩岛、大墩岛，茅尾海东北部沙井岛和西北部团和岛等潮间带内。沙泥滩一般宽40~90 m不等，最宽沙泥滩位于防城港西湾长榄岛和茅尾海东北部沙井岛和西北部团和岛南岸等潮间带潮间带，宽1.0~2.0 km。其沉积物由灰色、深灰色、灰黑色泥质砂组成，滩面上通常生长有低矮红树林，沙泥滩通常由人工海堤围滩建成海水养殖场。如防城港西湾长榄岛南岸宽1.0~1.5 km潮间带沙泥滩，在沙泥滩中生长发育低矮、茂盛的红树林，其内缘为人工海堤围滩建成海水养殖池塘，如照片3-62所示；茅尾海西北部团和岛东南岸潮间带沙泥滩宽阔、平缓，宽1.0~2.0 km，在沙泥滩内缘同样为人工海堤围滩建成海水养殖池塘，照片3-63所示。

照片3-62　防城港西湾长榄岛南岸沙泥滩、红树林滩、人工海堤地貌格局（黎广钊摄）

照片3-63　南流江口南域围岛南岸宽阔的沙泥滩及红树林滩地貌特征（黎广钊摄）

（3）红树林滩

广泛分布于钦州湾中部龙门岛群的岛屿，防城港湾长榄岛，大风江内的岛屿，珍珠湾内的岛屿潮间带上部。红树林滩宽度在不同地理区域不同，在钦州湾、防城港湾内的大部分岛屿，大风江、钦山港湾北部、珍珠湾内岛屿周边的红树林滩宽度相对较小，一般 20~60 m 之间。如：钦州湾东南海域鹿麻蓝头岛东南岸红树滩，宽为 30~60 m，主要树种为白骨壤，有少量桐花树，生长较为茂盛，红树林滩沉积物为灰色淤泥质中细砂，含粗砂，如照片 3-64 所示；分布于南流江河口更楼围、南域围南岸，钦州湾中部东岸海域中仙人岛—背风墩—大、小娥眉岭一带，防城港湾长榄岛等红树林滩较宽阔、茂盛，红树林滩宽 50~200 m，主要树种为白骨壤，高 1~2 m，生长茂盛，连片发育，红树林滩沉积物由灰黄色砂质淤泥组成。其中南流江河口更楼围南岸红树林滩宽 60~200 m，该红树林滩后缘为人工海堤围海建成海水养殖场，如照片 3-65 所示；钦州湾中部东岸海域中仙人岛—背风墩一带红树滩宽度也较大，约 100~150 m，主要树种亦为白骨壤，滩地沉积物为深灰色砂质淤泥，红树林滩后缘为人工海堤，海堤内为养殖场，如 3-66 所示。

照片 3-64　钦州湾东南部海域麻蓝头岛红树林滩地貌特征（黎广钊摄）

照片 3-65　南流江口更楼围岛南岸宽阔的红树林滩地貌特征（黎广钊摄）

照片3-66　钦州湾中部东岸海域仙人岛-背风墩一带宽阔、茂盛的红树林滩地貌特征（黎广钊摄）

4）礁坪

（1）礁坪地貌特征

礁坪地貌仅见于涠洲岛北部、西北部、东部、西南部沿岸。涠洲岛珊瑚岸礁发育，但分布不均匀，各向岸礁发育程度极不相同，北部、西北部沿岸发育最好，东部和西南部沿岸次之，而西部和南湾沿岸则不成礁。涠洲岛沿岸珊瑚礁坪总面积26.8 km²，占广西海岛地貌成因类型总面积的200.19 km²的13.39%。该岛西北部西角—北部后背塘—北港—苏牛角坑一带沿岸是珊瑚礁体较宽的岸段，沿岸广泛接受沉积，滨外珊瑚礁发育良好，礁后沙堤海滩、水下沙坝发育齐全、宽阔，礁坪宽达1 025 m，块状珊瑚占优势，优势种为橙黄珊瑚（*Porites lutea* Milne - Edwards & Haime）、秘密角蜂巢珊瑚（*Favites abdit*）、交替扁脑珊瑚（*Platygyra crosslandi*（Matthai））；局部有枝状珊瑚密集生长，主要属种有匍匐鹿角珊瑚（*Acropora prostrate*）、美丽鹿角珊瑚（*A. pulchra stricta*）。珊瑚生长带宽660 m（图3-16、图3-17C），为堆积岸段。东南部石盘河滩一带为基岩海岸，礁坪活珊瑚分布有块状的秘密角蜂巢珊瑚、交替扁脑珊瑚、普哥滨珊瑚（*Porites pukoensis* Vaughan）和枝状匍匐状鹿角珊瑚、多枝鹿角珊等，优势种不明显。西部大岭—高岭一带亦为基岩海岸，因西南向风浪作用强烈，对珊瑚的生长不利（仅在3~7 m水深区域见有珊瑚礁及活珊瑚），海蚀平台外礁坪宽只有10~20 m，属于侵蚀岸段（图3-17A）。西南部滴水村—竹蔗寮一带则介于前两种类型之间，地貌形态不明显，面积也很小，属于过渡型岸段，活珊瑚以秘密角蜂巢珊瑚、交替扁脑珊瑚为优势种，常见种有直枝鹿角珊瑚、多枝鹿角珊瑚、叶状蔷薇珊瑚（*Montipara foliosa*）等（图3-17B）。在礁坪靠岸一侧的局部岸段分布有小面积的洼地，如涠洲岛西北部的西角、北部的北港、东部的石盘河等地小河入海口附近形成有呈带状的冲积-海积洼地，一般宽20~250 m，长100~1 500 m，标高2~4 m。洼地周围有1.0~1.5 m高的陡坎。在大潮和风暴潮期间，仍受到海水的作用。洼地内沉积物为灰黑色、灰黄色含少量生物碎屑淤泥质砂。

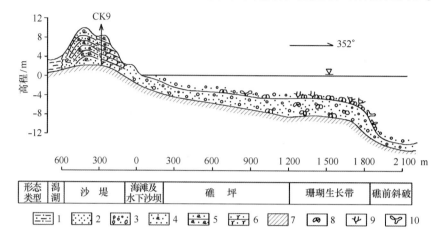

图 3-16　涠洲岛北港附近珊瑚岸礁地貌实测剖面（据王国忠，2001，改编）

1. 砂质淤泥，2. 砂，3. 砾石及珊瑚断枝，4. 含生物碎屑砂，5. 生物碎屑海滩岩，6. 珊瑚碎屑海滩岩，

7. 基岩（火山碎屑岩），8. 块状珊瑚，9. 枝状珊瑚，10. 葡萄状珊瑚

（2）珊瑚礁海岸沉积分带

潮上带：潮上带的沉积物已见成岩作用，即三期珊瑚生物碎屑海滩岩。其中，第一期，高位海滩岩海拔 5~12 m，向海倾斜小于 $10°$，^{14}C 绝对年龄测年值为 4 100~6 900 aB. P.；第二期，中位海滩岩海拔 3.5~5 m，^{14}C 绝对年龄测年值为 2 690~4 100 aB. P.；第三期，低位海滩岩海拔小于 3.5 m，^{14}C 绝对年龄测年值为 1 290~2 490 aB. P.。潮间带的沉积物由珊瑚屑-贝壳屑-陆源碎屑的混合沉积类型组成。

潮间带：沉积物由珊瑚屑-贝壳屑-陆源碎屑的混合沉积类型，珊瑚礁岸段海滩沉积物成分百分含量为珊瑚屑、贝壳屑含量最高，分别为 36.5%、37.1%，其次为陆源碎屑，含量 21.6%，其余钙质藻屑、棘皮动物屑、其他钙屑含量均很小，分别为 2.1%、1.8%、0.9%。

潮下带：海拔 0~12.5 m，造礁石珊瑚丛生带。

根据广西红树林研究中心（2007—2009 年）涠洲岛珊瑚礁生态区最新调查资料和梁文等（2010b）研究结果，统计涠洲岛、斜阳岛浅海造礁石珊瑚有 10 科 22 属 46 种，9 个未定种（表 3-6），

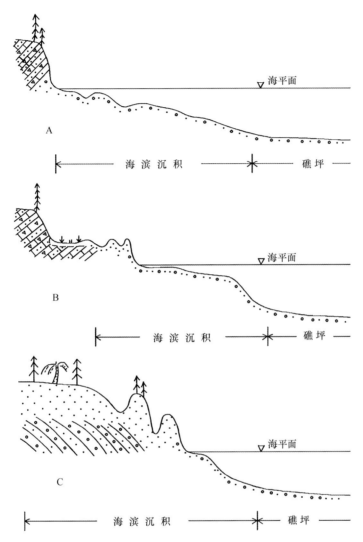

图 3-17　涠洲岛珊瑚岸礁区 3 种海岸剖面示意图

A. 海蚀型（石盘河剖面），B. 海蚀-堆积型（滴水村—竹蔗寮剖面），

C. 堆积型（后背塘、水产养殖场）

表 3-6　广西沿海珊瑚礁生态区（涠洲岛、斜阳岛）造礁石珊瑚名录表

中文名	拉丁文名
鹿角珊瑚科	*Acroporidae*
鹿角珊瑚属	*Acropora*
多孔鹿角珊瑚	*Acropora millepora*（Ehrenberg）
霜鹿角珊瑚	*Acropora pruinosa*（Brook）
美丽鹿角珊瑚	*Acropora formosa*（Dana）

续表

中文名	拉丁文名
狭片鹿角珊瑚	*Acropora haimei*（Milne-Edwards & Haime）
浪花鹿角珊瑚	*Acropora cytherea*（Dana）
花鹿角珊瑚	*Acropora florida*（Dana）
松枝鹿角珊瑚	*Aropora brueggemanni*（Brook）
条文鹿角珊瑚	*Acropora prostrata*
粗野鹿角珊瑚	*Acropora humilis*（Dana）
鹿角珊瑚未定种 1	*Acropora* sp. 1
鹿角珊瑚未定种 2	*Acropora* sp. 2
蔷薇珊瑚属	Montipora
膨胀蔷薇珊瑚	*Montipora turgescens*（Bernard）
繁锦蔷薇珊瑚	*Montapora efflorescens*（Bernard）
石芝珊瑚科	***Fungia***
足柄珊瑚属	***Podabacia***
壳形足柄珊瑚	*Podabacia crustacea*（Pallas）
菌珊瑚科	Agariciidae
牡丹珊瑚属	***Pavona***
叶形牡丹珊瑚	*Pavona frondifera*（Lamarck）
十字牡丹珊瑚	*Pavona decussata*（Dana）
小牡丹珊瑚	*Pavona minuta*（Wells）
牡丹珊瑚未定种	*Pavona* sp.
滨珊瑚科	***Poritidae***
滨珊瑚属	***Porites***
澄黄滨珊瑚	*Porites lutea*（Milne-Edwards & Haime）
滨珊瑚未定种	*Porites* sp.
角孔珊瑚属	***Goniopora***
斯氏角孔珊瑚	*Goniopora stutchburyi*（Wells）
二异角孔珊瑚	*Goniopora duofasciata*（Thiel）
大角孔珊瑚	*Goniopora djiboutiensi*
柱角孔珊瑚	*Goniopora columna*
枇杷珊瑚科	***Oculinidae***
盔形珊瑚属	***Galaxer***
稀杯盔形珊瑚	*Galaxer astreata*（Lamarck）
丛生盔形珊瑚	*Galaxea fascicoularis*（Linnaeus）
裸肋珊瑚科	***Merulinidae***

续表

中文名	拉丁文名
刺柄珊瑚属	**Hydnophora**
腐蚀刺柄珊瑚	*Hydnophora exesa*（Pallas）
裸肋珊瑚属	**Merulina**
阔裸肋珊瑚	*Merulina ampliata*（Ellis&Solander）
蜂巢珊瑚科	**Faviidae**
蜂巢珊瑚属	**Favia**
黄癣蜂巢珊瑚	*Favia favus*（Forskal）
标准蜂巢珊瑚	*Favia speciosa*（Dana）
帛琉蜂巢珊瑚	*Favia palauensis*（Yabe & Sugiyama）
翘齿蜂巢珊瑚	*Favia matthaii*（Vauhen）
角蜂巢珊瑚属	**Favites**
海孔角蜂巢珊瑚	*Favites halicora*（Ehrenberg）
秘密角蜂巢珊瑚	*Favites abdita*（Ellis & Solander）
多弯角蜂巢珊瑚	*Favites flexuosa*（Dana）
五边角蜂巢珊瑚	*Favia pentagona*（Dana）
角蜂巢珊瑚未定种	*Favia* sp.
菊花珊瑚属	**Goniastrea**
少片菊花珊瑚	*Goniastrea yamanarii*（Yabe & Sugiyama）
网状菊花珊瑚	*Goniastrea retiformis*（Lamarck）
圆菊珊瑚属	**Montastrea**
简短园菊珊瑚（台湾中文名）	*Montastrea curta*（DANA，1846）
刺星珊瑚属	**Cyphastrea**
锯齿刺星珊瑚	*Cyphastrea serailia*（Forskal）
同星珊瑚属	**Plesiastrea**
多孔同星珊瑚	*Plesiastrea versipora*（Lamarck）
刺孔珊瑚属	**Echinopora**
宝石刺孔珊瑚	*Echinopora gemmacea*（Lamarck）
双星珊瑚属	**Diploastrea**
同双星珊瑚	*Diploastrea heliopora*（Lamarck）
扁脑珊瑚属	**Platygyra**
交替扁脑珊瑚	*Platygyra crosslandi*（Matthai）
扁脑珊瑚未定种 1	*Platygyra* sp. 1
扁脑珊瑚未定种 2	*Platygyra* sp. 2
小星珊瑚属	**Leptastrea**

续表

中文名	拉丁文名
紫小星珊瑚	*Leptastrea purpurea*（Dana）
褶叶珊瑚科	**Mussidae**
叶状珊瑚属	**Lobophyllia**
叶状珊瑚未定种 1	*Lobophyllia* sp. 1
叶状珊瑚未定种 2	*Lobophyllia* sp. 2
梳状珊瑚科	**Pectiniidae**
刺叶珊瑚属	**Echinophyllia**
粗糙刺叶珊瑚	*Echinophyllia aspera*（Ellis & Solander）
木珊瑚科	**Dendrophylliidae**
陀螺珊瑚属	**Turbinaria**
盾形陀螺珊瑚	*Turbinaria peltata*（Esper）
复叶陀螺珊瑚	*Turbinaria frondens*（Dana）
皱折陀螺珊瑚	*Turbinaria mesenterina*（Lamarck）
漏斗陀螺珊瑚	*Turbinaria crater*（Pallas）

（3）珊瑚礁岸形成过程

大约全新世中期，距今 8 000 年前的大西洋期开始，海平面迅速上升，海水从南海进入北部湾后，继续北上侵入涠洲岛地区，使该岛四面临海。全新世中期以来，在岛的北部波影区内，陆源碎屑堆积速度减慢，开始繁殖造礁珊瑚和其他礁生物，并发育成礁。珊瑚等生物碎屑向礁前和礁后搬运，在该岛北部堆积形成宽 250~400 m、厚 6~9 m 的海滩——沙堤珊瑚生物碎屑海滩岩及松散珊瑚生物碎屑砂砾岩。据该岛北部、东部、西南部的珊瑚碎屑海滩岩[14]C 绝对年龄测定结果，表明北部后背塘沙堤中珊瑚碎屑海滩岩最老的年龄为（6 900±100）aB. P.，北部苏牛角坑沙堤中珊瑚碎屑海滩岩最老的年龄为（770±80）aB. P.；东部下牛栏和西北部西角沿岸珊瑚碎屑海滩岩最老的年龄分别为（3 290±80）aB. P.、（3 105±100）aB. P.；东北部横岭沙堤中珊瑚碎屑海滩岩最老的年龄为（2 295±170）aB. P.，西南部竹蔗寮沙堤中珊瑚碎屑海滩岩最老的年龄为（1 870±160）aB. P.，西南部滴水村沙堤中珊瑚碎屑海滩岩最老的年龄为（1 290±80）aB. P.。由此可见，自中全新世早期 7 000 aB. P. 以来，涠洲岛造礁珊瑚生物首先在北部后背塘、北港、苏牛角坑沿岸生长发育形成珊瑚岸礁；随后，中全新世晚期（4 000~2 500）aB. P.，在其东部横岭、下牛栏和西南竹蔗寮、滴水村岸外生长发育形成珊瑚岸礁；最后，大约 2 500 aB. P. 以来相继在东部横岭—公山背、西南部竹蔗寮至滴水村沿岸一带发育形成珊瑚岸礁，尤其是西南部竹蔗寮至滴水村沿岸一带形成的珊瑚岸礁最为年轻，它们是全新世晚约 2 000 aB. P. 才开始发育形成。

第4章 海陆交错带海岸线变迁及滨海湿地变化过程

4.1 50年来海岸线变迁分析

　　海岸带是海洋与陆地过渡带，是响应全球变化最迅速、生态环境最敏感、最脆弱的地带，也是地质灾害的多发地带（李学杰，2007），其演变反映了自然、经济和社会的综合作用的强度（刘鑫，2012）。海岸线是海陆分界线，由各种地质因素相互作用、河流和海洋沉积物淤积、气象和海洋条件以及人类社会经济活动耦合作用形成。海岸冲淤、海平面上升等自然变化和人工堤坝、围垦、采砂等人为因素的变化都会导致海岸线的变迁（夏真等，2000；李学杰，2007）。其变化直接改变潮间带滩涂资源量及海岸带环境，可引起海岸带多种资源与生态过程的改变，影响沿海人民的生存和发展（蔡则健等 2002；陶明刚，2006；张永战，朱大奎，1979）。

　　传统的测量手段已无法实时跟踪海岸线和土地利用的快速变化。运用遥感技术研究海岸线变迁具有宏观、快速、实时、动态和适用领域广等特点，对于地物细微的变化，特别是海岸线的动态监测具有独特的优势（朱俊凤等，2013；赵宗泽等，2013；黄鹄等，2006；李秀梅等，2013；王琳等，2005）。现试图通过对1955—2004年的遥感影像的解译，结合地形图等资料，分析北海市近50年以来大陆海岸线变迁特征。

　　北海市海岸线长，港湾多，滩涂宽广，海洋资源丰富。沿岸红树林、海草、珊瑚礁三大典型海洋生态系统及河口三角洲湿地均有分布，其中有国家级保护区、省级保护区、北部湾重要种质区、广西最大的南流江河口三角洲湿地。可见，北海市海岸线对沿岸土地规划、海洋功能区划、社会经济发展、旅游开发、海洋资源保护利用、重要海洋生态系统的保护、海洋灾害防治具有重要的作用，因此，快速、准确地监测海岸线变化等研究，为政府、公众提供动态、科学的信息，对海岸、滩涂保护利用和生态安全等都具有十分重要的意义（夏真等，2000；戴志军等，2004）。

4.1.1 数据处理与方法

1）研究区域与数据源

　　北海市海岸线东起与广东廉江县交界的英罗湾，西至与钦州市交界的大风江港，全长500 km（彭在清等，2012；北海市地方志编纂委员会，2009）。研究区域选择变化较大的大陆岸线，不包括岛屿的岸线（图4-1）。

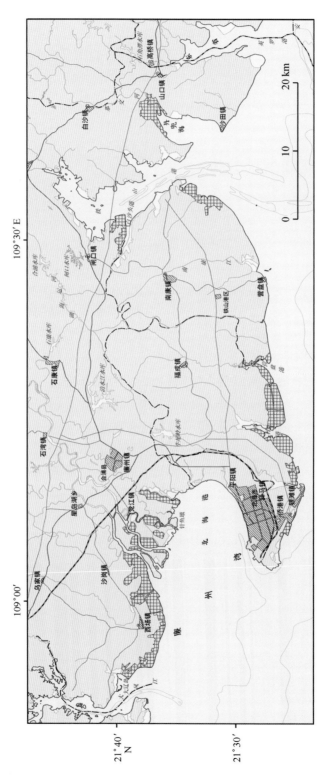

图 4-1　北海市沿岸大陆岸线示意图

遥感信息源选取跨度大且资料收集较完整的时相，包括 1955 年的 1∶3.75 万至 1∶5 万黑白航片、1977 年的 1∶1 万黑白航片、1985 年 10 月 3 日的 1∶1 万真彩色航片（北海市），1986—1988 年、1998 年 Landsat TM 数据和 1998 年的法国 SPOT 的 HRV 数据、2002 年的 Landsat ETM 数据、2004 年的 Landsat TM 数据。TM 的反射波段分辨率为 30 m，HRV 的反射波段分辨率为 10 m，ETM 的反射波段分辨率为 30 m。同时收集了 1977 年调绘 1980 年出版的 1∶5 万地形图，进行 1977 年部分岸段研究。

2）研究方法

采用目视解译和自动提取相结合的方法提取平均高潮线（干/湿线）作为海岸线，并参照实地潮滩调查的地貌特征线、植被情况及沉积物影像特征等资料。

1955 年、1977 年、1985 年航片用薄膜图勾划出海岸线，形成解译草图，再利用 MAPGIS 软件输入、误差校正、修改编辑等形成 1∶5 万解译成果图；1988 年、1998 年 1∶50 000TM 遥感影像进行原始数据灰度拉伸增强→TM543 波段假彩色合成→多景数据镶嵌→镶嵌图的精校正，误差小于 0.68 个像元；1998 年 1∶25 000HRV 与 TM 数据复合影像进行 TM 原始数据灰度拉伸增强→TM543 波段假彩色合成→多景数据镶嵌→与 SPOT 卫星 HRV 镶嵌图配准→TM 合成图 HIS 分解→SPOT 卫星 HRV 镶嵌图取代 I 分量 →HIS 转换回 RGB 形成复合图，误差小于 0.70 个像元；2004 年 1∶50 000ETM 与 TM 数据复合影像选择 TM13478 等波段数据进行线性拉伸等预处理后→TM8 经过插值处理后与 TM7、3 进行假彩色合成→形成假彩色影像图，误差小于 0.77 个像元。再利用 ENVI Ver3.0 遥感图像处理软件经过校正后叠加、拼接、编辑成图。

海岸线是指海洋与陆地的分界线，即海水大潮平均高潮位与陆地的分界线。本次调查中为使用的遥感影像图上的海水与陆地的分界线（干/湿线），其中，自然海岸线为海水与陆地的分界线，红树林海岸线以陆地植物生长分布边缘为分界，基岩岸线则以海水与海蚀崖接触处为分界；人工海岸线以围海工程靠海外缘堤坝为界线；河口海岸线以潮流界为限，北海沿海入海主要河流的潮流界位置分别为南流江潮流界确定在白沙江—下洋—亚桥—望州岭一线，大风江潮流界定在河口上的良关平村处，其他规模较小的河流一般根据潮汐作用、海岸沉积物特征、河流突然变窄处等进行确定。根据 1988 年、1998 年、2002 年、2004 年 TM 数据或 ETM 数据或 HRV 数据成像时间和实地观测潮位观测记录资料，其成像时潮位处于高潮期刚刚开始退潮时的潮位，结合野外踏勘的岸线高潮位的实地特征进行解译，这 4 个时相解译的海岸线基本相当于数据遥感成像当日的高潮线（黄鹄等，2006）。

最后将所提取的海岸线在 MAPGIS 中叠加成图，进行综合解译。

4.1.2 海岸线变迁特征

1）海岸线变化概况

将 5 个时相提取的岸线叠加后，可以看出近 50 年来北海市海岸线发生了很大的变化（图4-2）。总体以自然沉积、人工围填海造地和海岸开发产生的向海延伸、围堤崩塌海岸后退为主。

北海市海岸线蜿蜒曲折，从1955—2004年的50年间，由于围海造地、造田、养殖、堤坝连接海岛、连接海湾等人为因素和海岸的自然侵蚀、淤积作用，使岸线发生了较大的变化（表4-1，图4-2），其中主要是围海工程引起的变化较大，海岸的自然侵蚀、淤积作用引起的海岸线变化不明显。调查结果表明，北海市海岸线变化总体上是海岸线趋于平直，海岸线长度基本呈减少规律。

表4-1 各时相海岸线长度变化表

时相	海岸线总长度/km	自然岸线长度/km	堤坝长度/km	堤坝长度占海岸线总长度的比率/%	时相区间	总长度变化量/km	年平均总长度变化量/km
1955	707.347 5	333.60	373.747 5	52.84	1955—1977	-107.228 2	-4.877
1977	600.119 3	280.83	319.289 3	53.20	1977—1988	11.197 6	1.018
1988	611.316 9	323.05	288.266 9	47.16	1988—1998	-71.626 1	-7.1626
1998	539.690 8	179.18	360.510 8	66.80	1998—2004	-19.380 7	-3.2301
2004	520.310 1	159.98	360.330 1	69.25	1955—2004	-187.037 4	-3.8171

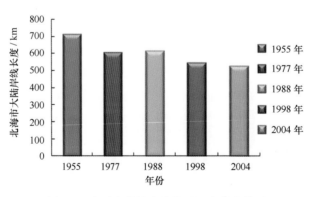

图4-2 各时相北海市滨海湿地岸线变化图

北海市滨海湿地岸线在各时相对比中，除了1977—1988年岸线增加了11.197 6 km外，总体上基本呈逐时相减少的规律，其中1955—1977年的面积减少量最多，为107.228 2 km，1988—1998年、1998—2004年面积减少量依次为71.626 1 km、19.380 7 km；年平均面积变化量也呈一致的规律；从1955—2004年的50年间滨海湿地岸线共减少了 187.037 4 km。

2）1955—2004 年 50 年间各个不同时段海岸线变化情况

（1）1955—1977 年海岸线变化情况

1955—1977 年北海滨海湿地海岸线 22 年间减少了 107.228 2 km。其中变化较大的岸段有：大风江东岸卸江围垦岸线减少 4.13 km；南流江口河道改道变迁、围滩造地、截曲取直等，海岸线减少了 39.13 km；营盘港围堤，海岸线减少了 20.34 km；北暮盐场建设，海岸线减少了 12.33 km；闸口镇南东侧大王山围垦，海岸线减少了 18.23 km（表 4-2，图 4-3）。

表 4-2　1955—1977 年北海市滨海湿地海岸线主要变化岸段一览表

序号	位置	1977 年岸线长度/km	1955 年岸线长度/km	海岸线增减变化/km
1	大风江口东岸围垦区	3.78	4.02	-0.24
2	四股田村北东侧围垦区	0.36	5.98	-5.62
3	西场镇船圩埠围垦区	11.15	20.75	-9.60
4	南流江口河道变化	9.15	48.28	-39.13
5	白虎头北侧围垦	0.20	1.14	-0.94
6	大冠沙盐场建设	3.37	4.21	-0.84
7	竹林盐场建设	9.68	11.13	-1.45
8	白龙圩西侧围垦区	1.38	2.75	-1.37
9	白龙港白坪咀村围垦区	0.35	7.32	-6.97
10	营盘港湾围垦	6.74	27.08	-20.34
11	北暮盐场建设	7.85	20.18	-12.33
12	沙城南部围垦区	0.19	5.25	-5.06
13	闸口镇东南大王山围垦	2.38	20.61	-18.23
14	闸口镇大路山东茅山村围垦	0.96	5.16	-4.20
15	福禄村南侧围垦	1.49	2.27	-0.78
16	公馆镇海堤指挥所处围垦区	6.40	10.69	-4.29
17	石乐埠围垦区	4.17	3.79	0.38

（2）1977—1988 年的海岸线变化情况

1977—1988 年北海滨海湿地海岸线 11 年间增加了 11.197 6 km。其中变化较大的岸段有：铁山港的白沙头港北部沙城、红楼村等地围垦，海岸线增加了 5.16 km；闸口镇南东侧大王山围垦堤坝被冲跨，海岸线增加了 10.91 km（表 4-3，图 4-4）。

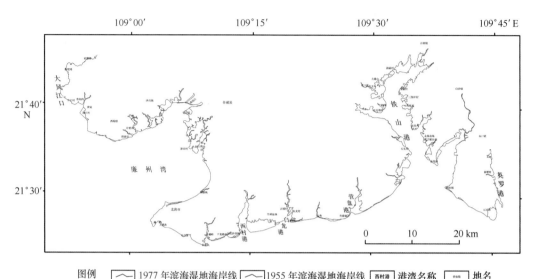

图例 ～～ 1977 年滨海湿地海岸线 ～～ 1955 年滨海湿地海岸线 西村港 港湾名称 齐市镇 地名

图 4-3　1955—1977 年北海市滨海湿地海岸线变化图

表 4-3　1977—1988 年北海市滨海湿地海岸线主要变化岸段一览表

序号	位置	1988 年岸线长度/km	1977 年岸线长度/km	海岸线增减变化/km
1	沙田镇南东 4 km	3.24	3.04	0.20
2	下底村东侧	3.94	4.41	-0.47
3	和荣村北 2 km	1.62	0.98	0.64
4	榄子根盐场北侧	1.88	3.82	-1.94
5	高丰峒村南西侧	1.26	1.52	-0.26
6	充美村北 2 km	0.97	1.01	-0.04
7	三角田村西 1 km	1.95	2.42	-0.47
8	朱屋村北东侧	0.55	1.74	-1.19
9	沙城村南侧	4.24	1.02	3.22
10	红岸楼村南侧	4.45	2.54	1.91
11	白沙头村北侧	4.24	4.1	0.14
12	牛塘角南东侧	0.14	4.9	-4.76
13	石头埠南 1 km	1.72	2.03	-0.31
14	北暮盐场	0.54	1.08	-0.54
15	西村北西侧 3.5 km	1.6	1.57	0.03
16	大王埠	3.03	2.11	0.92
17	电白寮	4.59	2.58	2.01
18	南万	2.46	1.56	0.90
19	北海港	0.78	0.39	0.39
20	车路尾	6.37	11.41	-5.04
21	九份田西侧	9.53	16.71	-7.18
22	四股田北东侧	0.12	5.15	-5.03
23	官井南东侧	2.86	0.33	2.53

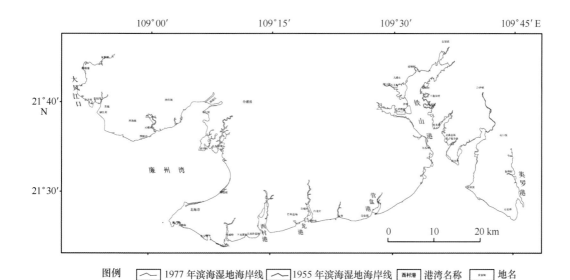

图例 〰️ 1977 年滨海湿地海岸线　〰️ 1955 年滨海湿地海岸线　西村港 港湾名称　苏村 地名

图 4-4　1977—1988 年北海市滨海湿地海岸线变化图

（3）1988—1998 年海岸线变化情况

1988—1998 年北海滨海湿地海岸线 10 年间减少了 71.626 1 km。其中变化较大的有：营盘港堤坝截曲取值，原港湾岸线 14.62 km 变为 0.99 km，铁山港西岸苏禾田西南岸岸线围塘取直，原岸线 3.11 km 变为 1.42 km，闸口镇以南散沙至红泥塘沿岸原岸线 16.80 km 变为 15.35 km，铁山港北端海角—地区化肥厂—亚魁墓以西沿岸原岸线 11.30 km 变为 8.80 km，铁山港茅墩塘岸线围填取直原岸线 4.69 km 变为 3.41 km。（表 4-4，图 4-5）。

表 4-4　1988—1998 年北海市滨海湿地海岸线主要岸段变化一览表

序号	位置	1998 年岸线长度/km	1988 年岸线长度/km	海岸线增减变化/km
1	新塘村北侧	0.08	3.18	−3.10
2	石东埠西 1.5 km	2.48	1.41	1.07
3	下底村西侧	0.88	1.63	−0.75
4	水军塘	2.79	6.42	−3.63
5	沈屋村南侧	3.29	4.39	−1.10
6	和荣村东侧	1.89	2.34	−0.45
7	沙尾村西侧	1.64	1.51	0.13
8	和营村北 1 km	0.51	2.45	−1.94
9	白沙水泥厂西侧	3.41	4.69	−1.28
10	公馆镇南 2.5 km	4.01	6.52	−2.51
12	红岸楼南东侧	0.53	2.2	−1.67
13	红岸楼西 1.5 km	1.42	3.11	−1.69

续表

序号	位置	1998 年岸线长度/km	1988 年岸线长度/km	海岸线增减变化/km
11	闸口镇南东侧	10.46	12.41	-1.95
14	圩头塘北 1 km	1.62	1.44	0.18
15	石头埠港口	2.26	1.66	0.60
16	营盘镇	1.53	1.21	0.32
17	白龙圩南西 1 km	1.29	1.47	-0.18
18	西村西 1.5 km	2.98	2.67	0.31
19	大冠沙盐场北侧	1.76	1.32	0.44
20	下龙潭村南侧	1.24	0.74	0.50
21	古城村南	1.82	0.86	0.96
22	古城村南	1.48	0.84	0.64
23	电白寮至白虎头一带	5.77	5.23	0.54
24	大墩海至电白寮一带	6.94	3.13	3.81
25	南万村	0.7	2.23	-1.53
26	北海港	1.52	0.52	1.00
28	高德镇	0.06	3.01	-2.95
29	田寮南西角	1.99	0.88	1.11
30	田寮西 1 km	1.5	1.84	-0.34
31	新田村	2.02	5.3	-3.28
33	四股田村南东侧	4.28	3.09	1.19
34	卸江村北一带	6.55	7	-0.45
35	胭脂港北 1.5 km	1.1	3.04	-1.94
36	胭脂港北东 3.5 km	0.54	6.61	-6.07

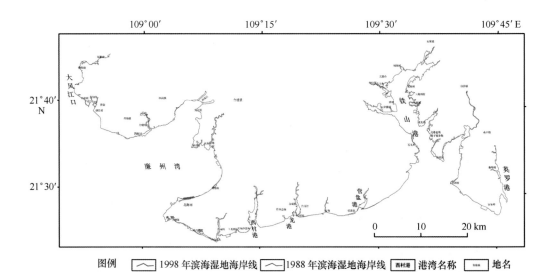

图 4-5　1988—1998 年北海市滨海湿地海岸线变化图

（4）1998—2004 年海岸线变化情况

1998—2004 年北海滨海湿地海岸线 6 年间减少了 19.380 7 km。其中形态变化较明显的有：大风江口东岸的宫井—大辽沿岸围塘取直，原岸线由 2.67 km 变为 2.88 km，大风江口东岸的贵初沟以南岸段围填后原岸线由 9.63 km 变为 7.52 km，闸口镇莉竹冲—河潭南岸—大岭东北侧—海路村东北侧—大塘东北侧沿岸原岸线由 10.26 km 变为 10.68 km，闸口镇大王山—乌龟塘原岸线由 5.41 km 变为 0.24 km（表 4-5，图 4-6）。

表 4-5　1998—2004 年北海市滨海湿地海岸线主要岸段变化一览表

序号	岸段位置	2004 年岸线长度/km	1998 海岸线长度/km	海岸线增减变化/km
1	大风江口沟港东北侧	0.22	0.36	-0.14
2	大风江口沟港西南侧 0.56 km	1.22	1.52	-0.3
3	大风江口冢獭渡北岸	1.43	1.14	0.29
4	大风江口冢獭渡东北侧 0.65 km	0.63	0.35	0.28
5	大风江口老柯墩东南侧 1 km	0.60	0.82	-0.22
6	大风江口胭脂港北侧 1.31 km	1.83	1.28	0.55
7	大风江口胭脂港西南侧 1.12 km	1.82	0.74	1.08
8	大风江口东岸宫井—大辽沿岸	2.88	2.67	0.21
9	大风江口东岸贵初沟以南 1.22 km 岸段	7.52	9.63	-2.11
10	大风江口黄镜西侧 1.97 km	2.52	2.84	-0.32
11	西场镇圩船埠东岸	13.12	10.44	2.68
12	侨港镇红湾东北侧 0.51 km	0.11	4.22	-4.11
13	西村港北端	0.88	4.12	-3.24
14	白龙港北端	1.67	3.54	-1.87
15	营盘镇山角—樟木根沿岸	0.06	7.91	-7.85
16	闸口镇莉竹冲—河潭—大岭东—海路村—大塘东沿岸	10.68	10.26	0.42
17	闸口镇大王山—乌龟塘岸线	0.24	5.41	-5.17

4.1.3　海岸线变化特点及主要原因

1）海岸线变化特点

（1）海岸线长度除了 1977—1988 年略有增加外，海岸线长度变化整体上呈递减趋势（表 4-3）；

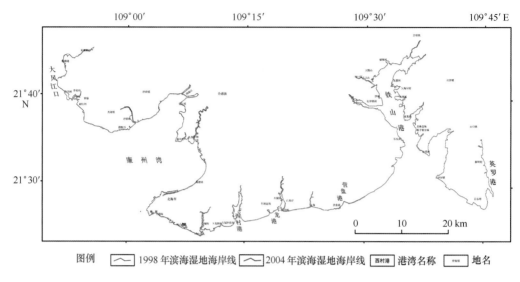

图例 ⌇⌇ 1998年滨海湿地海岸线 ⌇⌇ 2004年滨海湿地海岸线 [西村港] 港湾名称 [营盘镇] 地名

图 4-6 1998—2004 年北海市滨海湿地海岸线变化图

（2）由于围垦堤坝和填海堤坝建设，海岸线在围填海岸段不断向海方向快速推进。如北暮盐场竹林分场岸段，因盐田建设，海岸线向海推进了 2 km 之多；

（3）人工堤坝除了 1977—1988 年略有减少，整体上呈逐年增加趋势，到 2004 年，人工堤坝已占海岸线总长度的 69.25%，详见 4.1.2 节中表 4-1 所示；

（4）海岸的自然侵蚀和淤积，对海岸线变化影响不大；

（5）海湾、海汊是沿海地区经济建设的主要区域，如围垦、填海、港口建设等海岸工程对岸线的改变影响较大，在大部分的海岸工程建设过程中导致较多海汊、河口水道的海岸线被拉直。

2）海岸线变化的主要原因

海岸线变化的主要原因有两个方面：一是海岸的自然侵蚀和淤积作用引起其变化；二是对滩涂围填海开发利用引起的变化。从调查结果看，海岸线的变化主要是由于人为围填海活动（围塘养殖、盐田、港口码头、临海工业、城镇化建设等）所致，自然侵蚀和淤积作用引起的变化不大。滩涂围垦、填海造地开发利用引起海岸线变化仍是未来影响海岸线变化的主要原因之一。

4.2 50 年来滨海湿地地貌景观格局变化

滨海湿地是海平面以下 6 m 至大潮高潮位之上与外流江河流域相连的微咸水和淡浅水湖泊、沼泽以及相应河段间的区域（陆健健，1996），具有高生产力及作为各种植物、鱼类、贝类和其他野生动物重要的栖息地，具有维护生态平衡、环境稳定的功能。如抵御海洋灾害为沿岸提供保护、控制海岸侵蚀、改善水质过滤农业和工业废物和沿岸含水层补给（Klemas，2011；陈鹏，2005；张华等，2007）。近年来，气候变化对沿海湿地的影响也愈受关注，特别是对于相对海平面上升、温度上升、降水变化等影响。滨海湿地已经证明易受气候变化影响（Klemas，2011）。位于海陆两大生态系统交错带的滨海湿地是湿地的重要类型，在涵养水分、控制侵蚀、蓄洪防旱、降解污染和调节气候及保护生物栖息地方面发挥着无可替代的作用。近年来随着滨海区域经济发展和人口增加，滨海湿地成为生态环境变化最剧烈和生态系统最脆弱的地区（高义等，2010）。

广西海陆交错带滨海湿地资源丰富，类型多样，沿岸有浅海水域、珊瑚礁、基岩性海岸、潮间淤泥海滩、红树林沼泽、潟湖、河口水域等多种类型的湿地。近年来，随着广西经济建设的迅速发展，人类对生态系统的干扰和破坏日益明显，广西滨海湿地保护和开发之间的矛盾日益突出，不合理开发所引起的环境退化，海洋资源减少等问题，将制约着广西经济与环境的可持续发展（吴黎黎，李树华，2010）。因此，针对广西滨海湿地逐年退化的严峻态势，利用"3S"技术，提取1955年、1977年、1988年、1998年、2004年5个时相的遥感解译数据对北海市沿岸滨海湿地进行较为精确的定量分析，阐明其演变特征，以助于北海市乃至广西滨海湿地的保护与恢复。

4.2.1　数据处理与方法

1）研究区域概况

北海市位于广西沿岸东部地区，北部湾东北岸，介于20°26′~21°55′N，108°50′~109°47′E之间。滨海湿地陆上界线，海岸线东起与广东廉江县交界的英罗湾，西至与钦州市交界的大风江港，全长500 km（彭在清等，2012；北海地方志编纂委员会，2009），浅海界线为6 m等深线。

北海市滨海湿地资源十分丰富，类型较多。鉴于珊瑚礁仅分布于涸洲岛、斜阳岛及海草分布面积小且分散，在遥感影像上均未能识别，因此，本次研究参考国际湿地公约规定的滨海湿地范围，确定研究区为北海市大陆沿岸海岸线向海至6 m等深线之间的范围，其中6 m等深线是根据1985年海图描绘出其特征点，连接成曲线在GIS软件中通过叠合分析（梁文等，2016）。对所有时相的影像都如是处理，可忽略遥感资料成像时刻的潮位不统一对潮间带范围判读的影响（陈鹏，2005；张华等，2007；左平等，2012；邱若峰等，2006），由此获得6 m等深线以上的滨海湿地区域范围。同时，围塘养殖和盐田沿海岸线两侧分布，属滨海湿地重要研究的类型，本次也归纳做了统计分析。

2）数据处理与方法

根据2008年《全国湿地资源调查技术规程（试行）》的分类标准和2001年广西壮族自治区湿地资源调查大队对北海市湿地资源的调查结果，参考《中国滨海湿地的分类》（陈鹏，2005），并结合北海市沿岸滨海湿地实际情况，本次研究将滨海湿地类型划分为浅海水域、小型离岛湿地、盐田、围塘养殖、岩石滩、潮间砂质海滩、潮间淤泥质海滩、红树林滩、水草滩9种类型。

遥感信息源选取跨度大且资料收集较完整的时相，包括1955年航摄的1：3.75万至1：5万黑白航片、1977年航摄的1：1万黑白航片、1985年10月3日航摄的1：1万真彩色航片（北海市）、1986—1988年、1998年美国陆地5号卫星TM数据和法国SPOT卫星HRV数据、2002年的ETM卫星数据、2004年的TM卫星数据和CBERS卫星数据等。

图像资料处理：利用1955年的黑白航片、1977年的1：1万航片、1985年的真彩色航片对目标物进行目视解译，然后根据地形地物进行转绘到1：5万地形图上，最后形成解译图；利用ENVI Ver3.0遥感图像处理软件对1988年、1998年的TM数据、1998年SPOT卫星HRV数据以及2002年ETM数据、2004年CBERS数据进行处理，制作卫星影像图，同时根据解译要求对相关影像特征信息进行增强、提取处理等。

5个时相采用目视解译为主，结合相关图件以及实地调查对遥感影像进行解译和分类。1988年、1998年1：5万TM遥感影像制作——原始数据灰度拉伸增强→TM543波段假彩色合成→多景数据镶嵌→镶嵌图的精校正，误差控制在0.68个像元内；1998年1：2.5万SPOT的HRV与TM数据复合影像制作——SPOT卫星HRV原始数据灰度拉伸增强→两景数据镶嵌，TM原始数据灰度拉伸增强→TM543波段假彩色合成→多景数据镶嵌→与SPOT卫星HRV镶嵌图配准→复合图，误差控制在0.70个像元内；2004年1：5万ETM与TM数据复合影像制作——选择TM13478等波段数据进行线性拉伸等预处理后→TM8经过插值处理后与TM73进行假彩色合成→形成假彩色影像图，误差控制在0.77个像元内。

解译标志及结果进行了抽查、野外查证、统计，查证以定点查证为主，以点延伸到面上的解译目标物。查证点的选择原则为：①解译的各种目标物均有查证；②城市新扩建的建设用地、交通用地中的高速公路、港口、码头；③解译标志较典型的目标物；④解译标志不明显、较隐晦的，有争议的目标物。解译正确率达85%以上，误解、漏解率在15%以下，解出率达90%以上。其中红树林解译基本正确，除了部分稀疏或面积较小的斑块，因影像不明显，在铁山港等地有一些漏解，在实地查证时已作了补充。红树林解出率在85%以上，解译正确率达80%。

景观生态学是非常有用的界定指标，景观生态学广泛地被应用于城市、河口三角洲、流域及滨海湿地研究。景观指数是能够高度浓缩景观格局信息，反映其构成和空间配置某些方面信息的简单定量指标（高义等，2010）。大量的景观指标已被用于监测区域尺度的环境质量、衡量和监测景观变化和生境破碎化、量化其生态过程；研究人类活动对景观的影响及景观的设计等（Petrosyan，Karathanassi，2011）。景观格局是景观生态学的研究对象，景观的格局与过程是景观生态学研究的重要内容（王夫强，柯长青，2008；张绪良等，2012）。本次研究采用景观指数来描述景观的空间格局，需要从大量的景观指数中选取合适的指标来评价滨海湿地景观格局的变化。参考前人的方法（陈鹏，2005；张华等，2007；林立等，2012；丁亮等，2008；王夫强，柯长青，2008；李婧等，2011；姜玲玲等；2008；谷东起，2003），选取了景观总面积指数（T_A）、平均斑块分形维数（D）、多样性指数（H）、均匀度指数（E）、优势度指数（D_O）、景观斑块数破碎化指数（F_N）、斑块密度指数（P_D）研究景观空间格局及其景观类型斑块级别上的变化。

$$T_A = A/10\ 000, \tag{4-1}$$

式中，A 为总景观面积（m^2）。

$$D = 2B, \tag{4-2}$$

式中，B 为 $\ln 0.25p$ 与 $\ln a$ 的回归系数；P 为斑块周长；a 为斑块面积。

$$H = -\sum_{k=1}^{m} P_k \log_2 P_k, \tag{4-3}$$

式中，P_k 为 k 种景观类型占总面积的比，m 是研究区中景观类型的总数。

$$E = (H/H_{max}) \times 100\%, \tag{4-4}$$

式中，H_{max} 为研究区内各类景观所占比例相等时的多样性指数，即最大多样性指数，$H_{max} = \log_2 m$。

$$D_O = H_{max} + \sum_{k=1}^{m} P_k \log_2 P_k, \tag{4-5}$$

式中，H_{max} 为研究区内各类景观所占比例相等时的多样性指数，即最大多样性指数，$H_{max} = \log_2 m$；P_k 为 k 种景观类型占总面积的比；m 为景观类型总数。

$$F_N = (N_P - 1)/N_C, \tag{4-6}$$

式中，N_p 为景观里各类斑块的总数；N_C 为 10 hm^2 去除景观总面积所得的数据。

$$P_D = N_p/A, \tag{4-7}$$

式中，N_p 为景观里各类斑块的总数；A 为总景观面积。

4.2.2　湿地景观分布与景观结构

从表4-6、图4-7得到5个时相北海市沿岸滨海湿地分布状况：各类型中浅海水域面积最大，其次分别为潮间砂质海滩、潮间淤泥质海滩；湿地类型总面积在 1977 年降至最低，约为 1 493.849 9 km^2，2004 年最高，约为 1 578.020 9 km^2，1977—2004 年呈上升趋势；1977—2004 年滨海湿地面积增长，受 1977 年起潮间砂质海滩、围填养殖、浅海水域面积增加影响较大，较大影响因素是围塘养殖面积持续连年的增长。

表 4-6 1955—2004 年研究区景观结构面积

湿地景观类型	研究区景观结构面积/km²				
	1955 年	1977 年	1988 年	1998 年	2004 年
岩石性海滩	0.757 4	0.757 3	0.893 8	0.759 3	0.663 9
潮间砂质海滩	389.679 5	330.639 8	346.308 5	357.115 4	354.812 5
潮间淤泥质海滩	151.972 3	151.470 3	152.424 2	134.705 0	129.359 7
红树林滩	33.848 8	38.247 5	23.421 5	26.251 0	27.597 2
水草滩	11.377 9	10.903 5	10.615 3	5.708 6	1.976 5
围塘养殖	0.000 0	0.515 4	18.574 1	83.182 5	124.626 3
盐田	12.110 3	22.926 1	26.635 9	18.388 3	13.983 1
小型岛屿湿地	70.362 6	48.815 0	42.883 4	43.057 9	43.542 9
浅海水域	886.130 7	889.575 0	894.486 5	888.674 8	881.458 9
同一年份湿地类型总面积	1 556.239 6	1 493.849 9	1 516.243 2	1 557.842 8	1 578.020 9

岩石性海滩面积变化较小，经现场验证，北海市岩石滩是基岩出露所致，无人为损毁，1988 年、1998 年时相出现的英罗港西岸的岩石滩，在 2004 年消失，可能是由于英罗港海滩受到冲淤变化影响，在不同时相中呈交替显现的现象。

红树林滩在 1977 年面积最大，约为 38.247 5 km²，1988 年降至最低值为 23.421 5 km²。在 1955—1977 年间呈增长态势，其中自然增长变化较大的岸段有：西村港和铁山港西岸的白沙头港北侧岸段等，因围垦致损失面积较大的岸段有：竹林盐场、铁山港东岸北暮盐场榄子根分场岸段等，因围垦多为盐田建设，养殖极少，规模不大，红树林滩仍呈增长状况；1977—1988 年间是急剧减少状态，可能是（1）因滩涂长年围垦被破坏，（2）红树林被砍伐（作燃料）或自然消亡，（3）遥感影像数据成像时潮位较高，一些矮小的红树林被海水淹没，在影像图上反映不出。据调查，破坏较大的岸段是铁山港西岸白沙头港北侧围垦区，损失红树林面积达 149.75 hm²；在 20 世纪 80 年代初期建设盐田、养殖塘，沙城南侧毁林 82.57 hm²，红岸楼村南侧毁林 67.18 hm²，白沙头村北侧毁林 11.66 hm²，石头埠南 1 km 处毁林 25.62 hm²（广西区遥感中心，2001）。变化较大的岸段有铁山港东岸下底村—丹兜海一带等；1988—2004 年呈逐渐恢复态势，从最低值 23.421 5 km² 逐渐恢复至 27.597 2 km²。

据表 4-6 所示，1977 年、1988 年是 5 个时相时期中红树林滩动态变化的拐点，面积由较大损失直至缓慢地恢复。1988—1998 年 10 年间北海市红树林由 23.421 5 km² 增至到 26.251 km²，可能是 20 世纪 80 年代政府部门开始重视生态保护，建设了红树林保护区，使其得以稳定恢复，面积有所增加。恢复变化较大的主要是铁山港东岸下底村—丹兜海一带等岸段，自然增长的岸段主要有南流江口、铁山港北部红石塘—螃蟹田一带。因围垦或港口建设，遭破坏的岸段主要位于南流江口西岸四股田村南部围垦养殖区，破坏红树林约 90.66 hm² （广西区遥感中心，2001）。1998—2004 年面积由 26.251 km² 增至 27.597 2 km²，据调查，是由于政府部门重视开展人工林的生态修复，于 1998 年、2002 年对人工造林进行调整布局，明确了沙岗、西场、党江西片一带红树林地及宜红树林地为人工造林主要选择地和保护带，山口、沙田、白沙等东片为核心保护带，其他区域为一般性保护可示范利用区域（唐永彬，2013）。由此，自 1998 年以来，红树林人工造林面积逐年增加。

50 年来北海市围塘养殖呈持续增长趋势，盐田面积增长至 1988 年后逐渐减少。变化原因主要是经济利益分配重整、盐田与养殖功能互换，分为 4 个阶段：（1）1955—1977 年间计划经济为主，盐场扩建规模较大，增加 10.815 8 km²，这阶段围塘养殖很少，仅增加 0.515 4 km²；（2）1977—1988 年改革开放政策影响开始显现，盐场虽然持续扩建，但规模减小，增加量仅为 3.709 8 km²，养殖围塘增长规模逐渐变大，规模增加了 18.058 7 km²；（3）1988—1998 年，改革开放影响下，市场经济占主导地位，盐场逐渐被养殖场取代，养殖场规模扩大，面积增加了 64.608 4 km²，盐场范围萎缩，面积减少了 8.247 6 km²；（4）1998—2004 年，盐场持续减少，但变化量小，只减少了 4.405 2 km²，围塘养殖持续增长，变化幅度也变小，只增加了 41.443 8 km²，说明围塘养殖扩建渐渐进入理性开发、市场的饱和期。50 年间养殖围塘增加量远大于盐场减少量（表 4-6）。

北海市沿岸水草滩分布于南流江三角洲，与红树林伴生，其生长主要受红树林、围塘、泥沙淤积等影响。1955—2004 年水草滩面积逐时相减少，由 11.377 9 km² 减至 1.976 5 km²。1955—1988 年水草滩变化量较小，至 1998 年水草滩减少量增加至 4.906 7 km²。这是由于 1955 年、1977 年南流江三角洲尚无围塘，从 1988 年起出现并逐渐增多，围填占用了部分水草滩，同时，养殖排出废水也造成其水质环境受到较大影响，围塘养殖是影响水草滩面积减少的主要原因。

潮间砂质海滩、淤泥质海滩的形成与冲淤平衡要依靠外海来沙、河流输沙、陆域侵蚀来沙、波浪潮流作用等因素。5 个时相中 1955 年砂质海滩面积最大，约为 389.679 5 km²，1977 年达到最低值，约为 330.639 8 km²，1988 年起增加，1998 年逐渐增至 357.115 4 km²，2004 年减至 354.812 5 km²；1955 年、1977 年潮间淤泥质海滩面积变化较小，1988 年略有增加，随后 1998 年起减少，2004 年减至 129.359 7 km²。总体上北海市潮间砂质、淤泥质海滩呈现退化态势。据许国辉，郑建国（2001）研究，对海洋动力敏感的砂质及淤泥质海滩的退损主要因素是受到海平面上升变化及沿岸沙量变化的影响。从河流输沙量分析，据广西水文水资源局徐国琼，欧芳兰（2007）研究，1956—1979 年多年平均年输沙量为 115 万 t，1980—2000 年多年平均为 91.2 万 t，

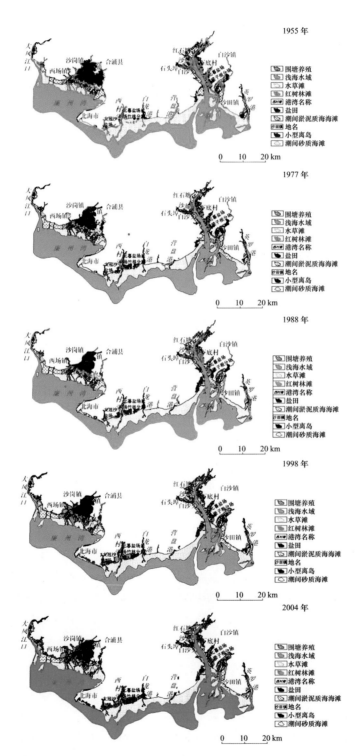

图 4-7　1955 年、1977 年、1988 年、1998 年、2004 年北海市滨海湿地景观分布

在径流减少 7.15% 的情况下泥沙输送量减少 20.7%，原有数条支流如今干枯断流；北海市海平面变化据周雄（2011）论文数据统计，1977 年平均潮位约为 256.15 cm，1988 年约为 254.69 cm，1998 年约为 258.55 cm，2004 年约为 261.20 cm，除了 1988 年下降，总体呈上升趋势。莫永杰等（1995）根据 1965—1990 年北海潮位站资料统计分析，北海站也是总体呈上升趋势，年平均上升速率为 1.78 mm/a。在这两种因素影响下，加上 1988—2004 年规模增大的围塘养殖和盐场占用部分海滩，北海市砂质海滩、淤泥质海滩整体呈退损态势。

1955 年小型岛屿面积最大，为 70.362 6 km²，1988 年面积最小，仅 42.883 4 km²；1955 年小型离岛 127 个，数量最多，1977—1998 年岛屿数量增长，为 83 个、85 个、98 个，2004 年减少至 81 个。小岛数量减少的主要原因是由于 1977 年起人工围塘养殖、盐田增加，邻近小岛间人为围堤合并所致；1998 年、2004 年岛屿面积、数量增加的主要原因，或是沿岸淤积成岛、入海河口淤积成岛、或原有近岸数岛连围的塘围堤荒废失修受海浪冲刷崩塌，还原出原有数个海岛（广西区遥感中心，2001）（图 4-7）。

1955—1988 年北海市浅海水域面积持续上升，由 886.130 7 km² 增至 894.486 5 km²，1998 年起减少，至 2004 年减为 881.458 9 km²。浅海水域面积变化原因主要受潮间砂质海滩、小型岛屿、围塘用海及海平面变化等影响（图 4-7）。

4.2.3 湿地景观指数变化

1955—2004 年，北海市滨海湿地景观多样性指数、均匀度指数、景观总面积指数呈现一致的规律：1977 年下降后，1988—2004 年缓慢上升；优势度指数则呈相反趋势；平均斑块分形维数在 1977 年出现高值，然后逐时相下降至 1998 年出现低值，到 2004 年又出现上升；斑块密度指数、景观斑块数破碎化指数规律一致：1977 年呈最低值，之后上升至 1998 年为最高值，到 2004 年略为下降（表 4-7）。结合历史资料分析，1955 年后至 1977 年潮间砂质海滩、潮间淤泥质海滩、红树林滩、水草滩、小型岛屿面积减少，围塘养殖、盐田面积增加，主要是人为占用滩涂围垦造地，发展农业生产和盐田等（广西区遥感中心，2001）。滨海湿地景观多样性指数减小，优势度指数增加，均匀度指数减小，表明滨海湿地稍有退化，1977—2004 年，多样性指数持续上升，优势度指数持续下降，均匀度指数持续上升，显示出这些时期滨海湿地状况好转，其中 1988—1998 年好转趋势较大，这与 1982 年起政府重视实施海洋生态保护（全国人民代表大会常务委员会，1982）有关联。1998—2004 年时相的景观多样性指数、均匀度指数上升变缓，优势度下降减缓，显示滨海湿地好转趋势变缓，影响因素较多，包括围塘养殖持续增加、红树林滩增长幅度变缓，红树林滩除了围海占用损失外，还有 2004 年 5 月北海市山口红树林保护区病虫害造成大面积枯萎的损失（许显倩，2004）。可见，1977 年、1998 年是 5 个时相中北海市滨海湿地变化规律明显的转折点，1977 年人工围塘养殖的出现使湿地呈明显的退化迹象，景观总面积指数降至最低值。1998年全球极端气候影响、海平面上升加剧，滨海湿地显示出滞后的响应，滨海湿地好转趋势变缓。1998年平均斑块分形维数急剧下降，表明斑块的几何形状愈趋向简单，显示受人为干扰程度加大。斑块密度指数、景观斑块数破碎化指数1998年为最高值，表明景观破碎化程度较高，显示人工建设程度较高（谷东起，2003）。

表4-7　1955—2004年北海市滨海湿地景观指数变化比较

年份	H	D_O	E	D	P_D	F_N	T_A
1955年	1.724 4	1.445 5	0.544 0	1.952 7	0.294 3	0.029 4	155 623.963 0
1977年	1.712 2	1.457 8	0.540 1	1.953 5	0.281 2	0.028 1	149 375.72 33
1988年	1.744 0	1.425 9	0.550 2	1.947 3	0.338 3	0.033 8	151 624.320 7
1998年	1.833 2	1.336 7	0.578 3	1.939 3	0.422 4	0.042 2	155 784.275 8
2004年	1.860 7	1.309 2	0.587 0	1.951 6	0.379 6	0.037 9	157 802.090 8

4.2.4　滨海湿地变化的因素

广西滨海湿地50年以来的变化主要受人为因素影响，其变化因素主要包括以下内容。

1）滨海湿地围垦改造

北海市近50年来临海工业、城镇化建设、养殖业和滨海旅游业开发的力度逐年加大，从分析数据可知，围填用海面积逐年增长。沿海工程的建设对滨海湿地造成破坏性影响——占用沿岸红树林、砂质、淤泥质等滩涂；改变了潮流和波浪活动模式；天然岸线截弯取直造成岸线资源缺失；小型岛屿遭到围垦开发，相近小岛间堤坝相连，致数量减少，岛屿局部岸段的冲刷倒塌；人工开挖取石等。据统计，北海沿海50年间围垦滩涂湿地124.626 3 km²，平均每年开发6.91 km²，红树林滩以每年0.127 6 km²的速度减少，小型岛屿以每年0.55 km²的速度减少，砂质海滩、淤泥质和海滩以1.17 km²/a的速度减少（广西区遥感中心，2004）。

2）生物资源的过度利用

北海市一直以来存在过度捕捞及电、炸、毒等违法现象，资源开发强度已极大超过了渔业资源更新和恢复速度，湿地生态系统中天然经济渔业资源的匮乏，严重影响着沿岸湿地生物多样性平衡，相应造成红树林、珊瑚礁和海草床等重要的湿地生态系统的退化。涠洲岛北岸珊瑚礁碎枝遭到偷挖破坏，用于建筑材料、烧制石灰等。为挖掘可口革囊星虫（*Phascolosoma esculenta*）、裸体方格星虫（*Sipunculusnudus*）、曲畸心蛤（*Anomalocordia flexuosa*）和文蛤（*Meretrix meretrix*）等经济海产，红树林区几乎

30%的区域遭到 20 次/a 以上的挖掘（吴黎黎，李树华，2010；兰竹虹，陈桂珠，2007）。

3）生物入侵

1979 年，广西合浦县引种互花米草（*Spartinaalterniflora*），之后当地海洋生态严重受到影响，特别是对红树林的危害日趋严重。互花米草生长速度快，较之生长较慢的红树林更易于遍布滩涂。目前，山口红树林保护区范围内一些宜林滩涂已被互花米草侵占，其面积超过 100 hm² 多，部分互花米草还迅速侵占了红树林边缘地域或林间空隙地，与红树林争夺生存空间。红树林是保护生物多样性的重要物种，其损失使得沿海养殖的贝类、蟹类、藻类、鱼类等多种生物资源量也相应地下降。所以，生物侵染也是滨海湿地生态系统退化的主要原因。

4）湿地污染加剧

城市生活污水的排放，农业化肥和农药的使用，城市废弃物的不合理处理，已经影响到了北海滨海湿地生态系统的物质循环，并通过食物链的富集作用影响到滨海湿地的生物资源。沿海排污量增加，但是污染防治设施建设却跟不上，从而导致污染物直接对沿岸滨海湿地生态系统造成影响。如北海市红坎污水处理厂排污区、侨港港口区等（李凤华，赖春苗，2007），都会导致部分生态区域的健康每况愈下，对北海山口的红树林、涠洲岛的珊瑚礁、合浦的海草床等构成威胁。据 2008 年广西海洋环境质量公报报道，北海沿岸海洋污染区域主要分布在廉州湾近岸局部海域，其近岸无机氮、无机磷含量分别比 2007 年升高 5.8%、4.5%，近海无机氮和无机磷含量升高 18.5% 和 15.2%。这些污染均可改变原有生态环境，改变海水的化学性质，减少溶解氧，污染水体，导致鱼类死亡，甚至物种灭绝。

海水养殖存在养殖营养物和化学药物的污染问题，加剧了海水有机污染和富营养化，诱发有害藻类和病原微生物的大量繁殖（舒廷飞等，2002）。2002—2004 年间，北海市附近海域就出现过 4 次赤潮；2008 年 4 月在涠洲岛海域发生夜光藻引起的小规模赤潮（吴黎黎，李树华，2010）。还有养殖附带柴油漏油污染、有些花蛤螺的养殖户滥用剧毒药物，造成养殖海域及其附近海区污染等，致使滨海湿地生态系统遭到严重破坏。

5）极端气候灾害影响

1998—2004 年受到全球极端气候的影响，主要是极端高温事件的影响。1997—1998 年 20 世纪最强烈的厄尔尼诺事件之后，出现了有气象记录以来最热的 1998 年。这以后，发生了连续两年的强拉尼娜事件，导致 1999—2001 年的低温年。直到 2002 年的厄尔尼诺事件，才又出现了第二最热年 2002 年，第三最热年 2003 年和第四最热年 2004 年（杨学祥，杨冬红，2013）。1998 年在全球极端高温的破坏加上北海市近年来沿岸工程、海洋过度捕捞、污染等累积影响，北海市涠洲岛珊瑚礁大面积白化死亡，鹿角珊瑚大片死亡，支状珊瑚退出优势群落（梁文等，2010a，b）；在 2004 年 5 月的异常高温下，国家级自然保护区广西山口红树林保护区发生了 40 年来最严重的病虫害，1 周之内 40 hm^2 白骨壤迅速变黄枯萎并扩大至 106 hm^2（许显倩，2004），有专家提出降水少、气温高适宜虫子的生长是暴发虫灾的主要原因。可见，50 年间北海市滨海湿地呈现退化趋势。

第5章　海陆交错带围填海活动对海岸地貌演变影响分析

5.1　海陆交错带围填海活动现状

围填海是通过人工修筑堤坝、填埋土石方等工程措施将天然海域空间改变成陆地以拓展社会经济发展空间的人类活动，它是当前我国海岸开发利用的主要形式。大规模围填海在产生巨大的社会经济效益的同时，也完全或部分永久性改变围填海海域的自然属性，给海洋生态环境造成了深远的影响，受到了国内外学者的广泛关注（张明慧等，2012；刘伟，刘百桥，2008；王伟伟等，2010；Peng et al.，2005；Kondo，1995；Heuvel，Hillen，1995；Zhang et al.，2006）。随着广西北部湾经济区开放开发战略的实施，《广西北部湾经济区发展规划》由地区战略上升为国家战略，产业将进一步向滨海地区集聚，港口城市化、工业化建设将不断加强，为广西海洋经济发展提供了难得的历史发展机遇；与此同时，沿海地区港口建设、临海工业和城市排污工程、围填海工程等建设迅速发展。近20年多来，防城港湾、钦洲湾、铁山港湾、北海半岛、廉州湾、珍珠港湾等沿岸的临海工业、港口码头、城镇建设、滨海旅游、海水养殖等人类活动都在改变海陆交错带地貌及环境，使海岸地貌、环境发生巨大的变化，尤其是防城港湾、钦洲湾、铁山港湾等部分岸段围填海规模较大，现将其较大围填海活动现状分别进行阐述。

5.1.1　防城港湾海岸较大规模围填海活动现状

1）防城港湾自然条件

防城港湾天然屏障良好，东有企沙半岛，西有江山半岛（曾称白龙半岛）环抱。湾内岛屿点缀自然，湾内有湾，内湾及外湾均有天然深槽，为建设深水避风港口提供了有利的天然条件（李树华，黎广钊，1993）。该港湾东北部渔沥半岛（原称渔沥岛）自东北向西南伸展直插防城港湾的中部，形成东湾和西湾，东湾形成有暗埠口江深水槽，西湾有牛头岭深水槽，我国海岸线最西端的天然良港——防城港就是建设在该湾渔沥半岛西南部沿岸，它具有水深大、避风好、回淤少、航道短等特点。防城港进港航道长13 km，底宽125 m，水深9.5~12.5 m。此外，在东湾暗埠口江沿岸和渔沥半岛西南部沿岸水域宽广，可供深水泊位开发利用。防城港可开发利用的深水岸线约30 km，可建设近100个0.5万至20万吨级泊位，具有建成大型主要枢纽港的优良自然条件。目前，防城港是我国25个沿海主要港口之一，中国西部地区第一大港。

2）防城港湾较大规模围填海现状

渔沥半岛（原称渔沥岛）在20世纪80年代基本保持着半岛自然形态，地貌形态为呈现东北-西南伸展的侵蚀剥蚀台地起伏连绵。据《广西海岛志》（祝效程等，1996）记载，渔沥岛（即渔沥半岛）主要山岭有白沙沥大岭、珠沙港大岭、大龙山、尖山岭、深山岭、马岭、长山尾等7座峰，其中白沙沥大岭为岛上最高峰，山顶呈圆锥形，主峰海拔103.7 m。渔沥半岛（原称渔沥岛）陆域面积12.44 km²，岸线长36.58 km，滩涂面积12.44 km²（祝效程等，1996）。防城港自1975年，广西第一个万吨级泊位防城港1号泊位建成开始，到1983年正式对外开放，尤其是90年代以来，防城港作为我国西南出海口大通道的港口城市，2万吨级、3吨级万、5吨级、10万吨级泊位相继建成运营，港口运输业、仓储、加工业、城镇化建设迅速发展，大规模开发渔沥半岛及其周边海域。目前，防城港共拥有西湾北、南作业区，东湾港区、云约江港区等三大港区，拥有泊位41个，其中生产性泊位37个，万吨级以上深水泊位26个，泊位最大靠泊能力为20万吨级，码头库场面积超400万 m²，年实际通过能力超过8 000万吨，防城港是全国沿海港口装卸货种最齐全的港口之一，拥有4个15万吨级深水泊位和1个20万吨级深水泊位，是现今华南沿海唯一可同时接卸5艘满载的好望角型船舶的港口。

防城港建设成现今大型港口主要是通过对渔沥半岛沿岸深水岸线大规模开发，经推山填海、抽沙吹填等较大规模填海造地工程形成陆地，不断加速港口码头、仓储、城镇化与房地产建设发展的结果。如照片5-1反映了现今渔沥半岛西南部已填海建设成为港口码头、仓储现状；照片5-2反映了现今渔沥半岛西部推山（或劈山）填海建设成为城镇化与房地产建筑物现状。根据2014年1月高分资源1号卫星遥感影像数据进行较大规模围填海工程解译，同时结合实地调查结果，获得防城港湾近年来较大规模围填海工程有两处：其一，已经围填海成陆面积最大规模是位于防城港湾中部渔沥半岛，其大规模围填海造地工程主要位于其西南部、东南部防城港东湾及西部西湾海域，其围填海面积达1 884.41 hm²；其二，位于企沙半岛西南岸大山咀—炮台一带沿岸通过围填海建设武钢

照片5-1　防城港湾渔沥半岛港口码头、仓储人工地貌景观（黎广钊摄）

防城港基地，其围填海规模也较大，面积达 746.84 hm²。位于企沙半岛西南岸北部赤沙
—樟木环一带沿岸建设防城港电厂，已围填海面积 47.09 hm²，防城港湾主要较大规模围
填海面积合计为 2 678.34 hm²。防城港湾较大规模围填海面积详见图 5-1、表 5-1 所示。

照片 5-2　渔沥半岛珠沙港大岭大部分被劈山填海建设城镇化与房地产工程（黎广钊摄）

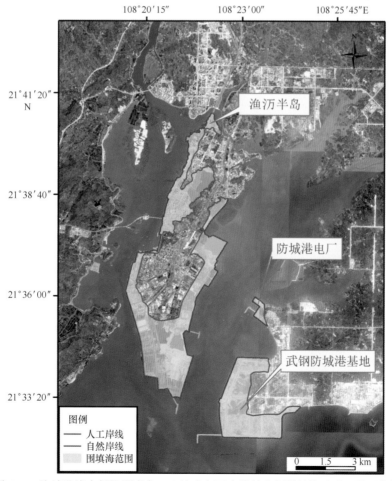

图 5-1　防城港湾中部渔沥半岛、企沙半岛西南岸较大规模填海造地区域现状图

表 5-1　防城港湾沿岸海域较大规模填海区面积统计表

序号	围填海较大规模岸段或区域名称	面积/hm²
1	渔沥半岛沿岸区域	1 884.41
2	企沙半岛西南岸大山咀—炮台一带岸段	746.84
3	企沙半岛西南岸北部赤沙—樟木环岸段	47.09
	合计	2 678.34

5.1.2　钦州湾海岸较大规模围填海现状

1）钦州湾自然条件

钦州湾位于北部湾顶部，广西海岸中段，是广西沿岸最大的重要海湾。钦州湾最突出的资源是港口资源，其次是水产资源、滨海旅游资源、砂矿资源等。该湾由内湾（茅尾海）、湾颈和外湾（狭义上的钦州湾）3部分组成（黎广钊等，2001a）。钦州湾中部湾颈海域岛屿众多，港汊发育，水道纵横，潮差大、流速急，泥沙回淤少，天然蔽障良好，水深条件优越，尤其是位于湾颈海域自亚公山至青菜头的潮汐通道两侧沿岸的观音堂、樟木环、箕沟、果子山、龙门一带以及东部海域果子山—鹰岭和钦州湾口东侧的三墩岛（包括大三墩、细三墩岛）沿岸一带，一般深水线离岸较近，具有建设深水良港的自然条件。其中，箕沟作业区钦州港区西南部，水深在8～13 m的深水岸线长约2 000 m，可布置5千至5万吨泊位12个；金鼓江口东岸—大榄坪—三墩海域深水区一带岸线长20多千米，可布置10万至20万吨级散货泊位11个，2万至5万吨级集装箱泊位15个，2万吨级多用途及杂散货泊位20个；观音塘岸段10 m等深线离岸仅100 m左右，可建设3.5万至5.0万吨级泊位7个；樟木环一带水深条件良好，13～17 m深水岸线长达214 m，可布置2.5万至3.5万吨级泊位8个。由此可见，钦州湾港口资源丰富，开发前景广阔，可开发建设我国大西南多功能、以临海工业港为主的国际贸易深水港——钦州港。

2）钦州湾较大规模围填海现状

钦州湾中段海域自亚公山至青菜头的潮汐通道两侧沿岸的观音堂、樟木环、箕沟、果子山、龙门一带以及东部海域果子山—鹰岭—金鼓江口—大榄坪和钦州湾口东侧的三墩岛（包括大三墩、细三墩岛）沿岸一带自然环境，在20世纪80年代后期以前，基本属于自然状态。自1992年8月在箕沟墩岛开始建设钦州港，1994年1月2个万吨级起步泊位投入使用，1997年6月钦州港国家一类口岸正式对外开放。特别是自1998年以来，钦州港经过近20年的快速发展，大规模开发港口码头、仓储、临海工业区、物流加工基地、城镇化建设如火如荼，劈岛推山、吹挖海沙、填海造地，西北起箕沟墩向东南经果子山、金鼓江口至大榄坪—鹰岭一带沿岸海域，先后建成了钦州港箕沟作业区、果子山作业区、大榄坪作业区、鹰岭作业区以及三墩作业区，并建成了型石化、能源、造纸、冶金、粮油加工等临海工业项目以及巨大的港口工业物流。

钦州湾较大规模围填海工程主要集中在钦州港沿岸一带，根据 2014 年 1 月高分资源 1 号卫星遥感影像数据进行较大规模围填海工程解译，同时结合实地调查结果，获得钦州湾钦州港及相邻岸段近年来较大规模围填海工程有 7 个岸段区域，其中金鼓江口—大榄坪—鸡丁头—硫磺山岸段填海造地规模最大，填海造地达 2 409.28 hm²，主要是广西钦州大榄坪综合物流加工区和广西钦州保税港区区域用海；其次是果子山—鹰岭岸段，填海造地达 816.33 hm²，主要包括钦州港果子山作业区、鹰岭作业区及钦州电厂填海区域；再者是大榄坪—三墩公路及钦州港三墩作业区域，填海造地达 294.20 hm²，主要包括中船修造船、中石油原油储备和 LNG 等大型石化、装备制造、大宗液体和干散货项目填海区域；第四是钦州港籅沟作业区区域，主要包括钦州港籅沟作业区及其仓储和广西钦州市汇海粮油工业有限公司填海区域；其余岸段的围填海面积规模较小，钦州湾钦州港沿岸区域主要围填海面积合计为 3 845.63 hm²。如照片 5-3 是反映 2013 年钦州港大榄坪综合物流加工区较大规模吹沙填海状况；照片 5-4 则是反映 2012 年钦州港籅沟作业区北部区域汇海粮油工业基地填海工程状况。钦州湾钦州港沿岸区域主要围填海面积规模大小详见图 5-2、表 5-1。

照片 5-3　钦州港大榄坪综合物流加工区较大规模吹沙填海工程状况（黎广钊摄）

照片 5-4　钦州港籅沟作业区北部区域汇海粮油工业基地填海工程状况（黎广钊摄）

图 5-2 钦州湾钦州港沿岸海域较大规模填海造地区域现状图

表 5-1 钦州港沿岸海域较大规模填海区面积统计表

序号	围填海较大规模岸段或区域名称	面积/hm²
1	金鼓江口—大榄坪—鸡丁头—硫磺山岸段	2 409.28
2	果子山—鹰岭岸段	816.33
3	大榄坪—三墩公路及三墩区域	294.20
4	箭沟区域	259.76
5	犀牛脚镇大环村岸段	35.94
6	犀牛脚渔港西侧岸段	30.12
合计		3 845.63

5.1.3 铁山港海岸较大规模围填海现状

1）铁山港湾自然条件

铁山港是发育于广西沿岸东部的一个深入内陆 34 km 的弱谷型海湾。港湾的东西两侧均为北海组、湛江组组成的古洪积-冲积平原，地势平坦，微向南倾斜，海拔高度 8~20 m，北面为侵蚀剥蚀台地，高度为 150~250 m（李树华，黎广钊，1993）。铁山港具有天然港口的特点，三面环陆，自然屏障条件好，港湾沿岸陆域宽阔，湾口朝南敞开，呈喇叭状，不仅地理环境优越，而且水深条件好，其南部海域深水槽内外无暗礁，航道笔直，便于船只进出，主水槽一般在深度基准面以下 8 m，大潮期间，水深达 12 m 以上，这给港口开发利用提供了十分有利的条件。

铁山港湾各种自然资源十分丰富，主要包括港口资源、海水养殖资源、红树林资源等，尤其是港口资源较为突出，具有水深、岸线长、潮差大、可避风、回淤小、航道短、礁石少、陆域宽、海浪平静、可挖性好，可建 1 万至 20 万吨级泊位 200 个，5 万至 20 万吨级大型深水泊位 50 个以上的深水天然良港。

2）铁山港较大规模围填海现状

铁山港沿岸及其海域在 20 世纪 90 年代仍然保持着自然状态，仅拥有两个小型渔用及商用港口，由航运、水产部门分别建在石头埠和沙田。其中，石头埠港口开发利用海岸仅 300 m，占地面积 0.54 hm²，吞吐量近 20 万 t；沙田港码头长 50 m，吞吐量近 20 万 t（李树华，黎广钊，1993）。直到 21 世纪初，由国投北部湾发电有限公司于 2002 年 2 月在石头埠港南侧海岸投资建设北海电厂一期工程 2×320 MW 的燃煤机组，分别于 2004 年 11 月 30 日和 2005 年 3 月 9 日建成投产。同时，2004 年 4 月北海电厂 3 万吨煤码头竣工投入营运。2007 年初以来，铁山港西港区开始了较大规模开发活动，主要规划有石化码头作业区、大宗干散货码头作业区、集装箱码头作业区、通用码头作业区、企业码头作业区等，为大力发展临港工业提供港口运输依托。自 2007 年 5 月，北部湾国际港务集团投资建设铁山港一期深水码头工程 1#~4#泊位开工建设以来，到目前为止，已有铁山港公用深水码头 1#、2#2 万 t 级泊位工程于 2009 年 12 月竣工投产，3#、4# 2 个 10 万 t 级泊位工程于 2012 年 7 月开工建设，2012 年投入使用；7#、8# 15 万 t 级和 10 万 t 级泊位工程各 1 个，及 5#~6#建设 15 万 t 级泊位工程 2 个正在建设中。神华国华广投（北海）发电有限公司投资在北海铁山港石头埠作业区 1、2#泊位工程建设 2 个 10 万 t 级码头和神华国华广投北海电厂建设 2×1 000 MW 超临界发电机组，1 个 10 万 t 级配套码头等。此外，广西投资集团铁山港区 2 个 10 万 t 级煤炭专用泊位已经开工建设，北部湾国际港务集团投资建设的 9#、10# 10 万 t 级通用散货码头正在建设过程中，如照片 5-5 所示。

铁山港西港区较大规模围填海工程主要集中在该港湾西岸自赤江陶瓷厂—石头埠

照片5-5 铁山港西区9#、10# 10万t级深水码头正在吹沙填海建设状况（黎广钊摄）

—新海村—北暮盐场—彬定—淡水口—啄罗沿岸一带，根据2014年1月高分资源1号卫星遥感影像数据进行较大规模围填海工程解译，同时结合实地调查结果，获得铁山港西港区及相邻岸段近年来较大规模围填海工程有9个岸段区域及东南沙田港2个岸段区域。其中，位于彬定—淡水口—啄罗岸段铁山港西港区啄罗作业区域和谢家—新海村岸段神华集团北海项目区域围填海面积均较大，分别为634.45 hm² 和679.44 hm²；其次为北暮盐场临海工业区域围填海面积246.57 hm²；还有马路口岸段中石化北海基地码头区域、铁山港东南岸奇珠集团北部湾沙田港区域、玉塘岸段中石化北海LNG项目区域、石头埠岸段国投北海电厂区域填海面积也不小，均大于50 hm²，分别为84.36 hm²，77.61 hm²，70.72 hm²，51.82 hm²；其余岸段的围填海面积规模较小，铁山港沿岸主要围填海面积共为1 932.67 hm²。铁山港沿岸区域主要围填海面积规模大小详见图5-3、表5-3所示。

表5-3 铁山港沿岸海域较大规模填海区面积统计表

序号	围填海较大规模岸段或区域名称	面积/hm²
1	兴港镇谢家—新海村岸段神华集团北海项目区域	679.44
2	彬定—淡水口—啄罗岸段铁山港西港区啄罗作业区域	634.45
3	北暮盐场一带临海工业区域	246.57
4	马路口岸段中石化北海基地码头区域	84.36
5	铁山港东南岸奇珠集团北部湾沙田港区域	77.61
6	玉塘岸段中石化北海LNG项目区域	70.72
7	石头埠岸段国投北海电厂区域	51.82
8	石头埠北部赤江陶瓷厂岸段北海恒久公司码头区域	23.05
9	铁山港石头埠北部冲口坡沿岸区域	22.94
10	沙田港南岸区域	21.33
11	石头埠北部湾海洋重工公司	20.38
	合计	1 932.67

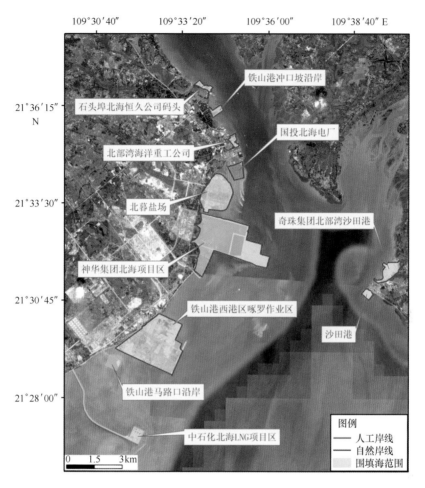

图 5-3　铁山港沿岸海域较大规模填海造地区域现状图

5.2　海陆交错带较大规模围填海工程对海岸地貌影响分析

　　围填海改变了海岸线形态和海底地形，使自然岸线和潮滩湿地转变为人工岸线和建设用地，导致近海海岛、沙坝、沙滩、淤泥滩、湿地等自然地貌形态消失，沿海自然景观破碎度严重（肖汝琴等，2014）。如本章 5.1 节所述，近 20 多年来，广西防城港湾、钦州湾钦州港、钦山港湾部分岸段进行了较大规模围填海工程，开发建设港口码头、仓储、临海工业区、物流加工基地、城镇化等填海工程，均对潮间带滩涂、海湾、海岸、海岛、滨海湿等自然地貌形态变化造成了不同程度的影响，主要表现在：①潮间带滩涂地貌面积减少，海湾自然属性弱化；②海岸结构及形态发生变化，人工岸线增加，自然岸线减少；③海岛形态发生变化，部分海岛消失；④海岸典型滨海湿地减少或消失，自然景观遭到破坏。现就这 4 个方面对海岸自然地貌影响进行阐述。

5.2.1 潮间带滩涂地貌面积减少，海湾自然属性弱化

近20多年以来，防城港湾、钦州湾钦州港、钦山港湾部分岸段开发建设港口码头、仓储、临海工业区、物流加工基地、城镇化等填海工程。如防城港湾中的渔沥半岛（原称渔沥岛）据《广西海岛资源综合调查报告》（广西海洋开发保护管理委员会，1996》和《广西海岛志》（祝效程等，1996）记述，其陆域面积为 12.44 km^2，经过 20 多年的开发建设大批港口码头、仓储、物流加工基地、城镇化建设工程，已填海造地 18.84 km^2，填海面积超过了 1 倍多，使现今渔沥半岛陆域面积扩大到 31.28 km^2。这就说明通过填海填埋了渔沥半岛西岸—西南岸—东南岸的大片沙泥滩、淤泥滩地貌，原位于半岛西岸中部的小型桃花湾也已消失；又如钦州湾钦州港金鼓江口—大榄坪—鸡丁头—硫磺山岸段填海面积更大，10 多年来为广西钦州大榄坪综合物流加工区和广西钦州保税港区区域进行大规模的填海造地工程，其填海面积达 24.09 km^2，这反映出金鼓江口—大榄坪—鸡丁头—硫磺山岸段较大规模填海工程侵吞了大片沙泥滩、淤泥滩，并使开阔的金鼓江河口湾较为狭窄的金鼓江港口作业区笔直的人工航道；又如铁山港西南岸彬定—淡水口—啄罗岸段铁山港西港区啄罗作业区沿岸填海面积达 6.35 km^2，造成了该岸段原来宽阔的大片沙滩地貌永久性消失。

根据本章 5.1 节中防城港、钦州湾、铁山港较大规模填海面积统计结果，表明按照海湾减少面积来看，钦州湾减少面积最大，为 38.46 km^2；其次为防城港湾减少面积为 26.78 km^2，再者为铁山港，减少面积为 19.33 km^2。按照海湾大小，减少面积所占海湾总面积比例来计算，防城港湾居首，占海湾总面积的 23.29%；钦州湾第二，占海湾总面积的 10.12%；铁山港最少，占海湾总面积的 5.69%（表 5-4）。上述三个海湾面积已经永久性分别减少了 26.78 km^2，38.46 km^2，19.33 km^2。显然，海湾大规模围填海在产生巨大的社会经济效益的同时，部分地永久性改变了围填海所在海湾的自然属性。同时，防城港湾渔沥半岛和钦州湾金鼓江口—大榄坪—鸡丁头—硫磺山沿岸一带滩涂原是天然的近江牡蛎、泥蚶（裸体方格星虫）、文蛤等潮间带底栖生物生长、繁殖的良好场所，铁山港西南岸彬定—淡水口—啄罗村沿岸铁山港西南岸彬定—淡水口—啄罗沙滩是方格星虫（沙虫）、文蛤生长、繁殖的良好场所。因此，较大规模填海工程导致广西沿岸海湾部分岸段海岸自然地貌受到了严重破坏、海湾滩涂、浅海面积及纳潮量减少、海湾自然属性弱化，自然地貌为人工地貌所代替，海洋生物失去栖息地等环境变化问题。

表 5-4　广西主要海湾较大规模填海造成海湾面积减少的比例

序号	海湾名称	海湾总面积 /km²	海湾较大规模填海总面积 /km²	占海湾总面积的比例 /%
1	防城港	115.00	26.78	23.29
2	钦州湾	380.00	38.46	10.12
3	铁山港	340.00	19.33	5.69

5.2.2　海岸结构及形态发生变化，人工岸线增加、自然岸线减少

近 20 年来，广西沿海地区港口码头、仓储、物流加工、沿海城镇化发展迅速，开展了大规模围填海工程建设，占居了大量的自然海岸线资源，人工海岸替代了自然海岸，沙质、沙泥质、基岩、生物等自然结构组成的自然海岸转变成为水泥混凝土或钢根水泥混凝土结构组成的人工海岸，造成人工岸线不断增加，自然海岸线逐年减少或消失。

从表 5-5 和本章 5.1 节图 5-1 中可以看出，防城港湾渔沴半岛沿岸区域、企沙半岛西南岸大山咀—炮台一带岸段、企沙半岛西南岸北部赤沙—樟木环岸段等 3 处岸段较大规模围填工程形成的人工岸线总计 47.331 km，减少自然岸线 35.293 km；又从表 5-6 和本章前 5.1 节图 5-2 中可知，钦州湾钦州港金鼓江口—大榄坪—鸡丁头—硫磺山岸段、果子山—鹰岭岸段、籤沟作业区沿岸等 5 处岸段较大规模填海工程形成的人工岸线总计 55.022 km，减少自然岸线 27.398 km；再从表 5-7 和本章前 5.1 节图 5-3 中可知，铁山港兴港镇谢家—新海岸段神华集团北海项目区域、彬定—淡水口—啄罗岸段铁山港西港区啄罗作业区域、北暮盐场一带临海工业区域等 10 处岸段较大规模填海工程形成的人工岸线总计 39.752 km，减少自然岸线 13.098 km。

表 5-5　防城港较大规模填海形成的人工岸线及减少自然岸线统计表

序号	围填海较大规模岸段或区域名称	填海后形成人工岸线 /km	减少自然岸线 /km
1	渔沴半岛沿岸区域	33.482	28.020
2	企沙半岛西南岸大山咀—炮台一带岸段	10.761	6.408
3	企沙半岛西南岸北部赤沙—樟木环岸段	3.088	0.865
	合　　计	47.331	35.293

表5-6 钦州湾钦州港较大规模填海形成的人工岸线及减少自然岸线统计表

序号	围填海较大规模岸段或区域名称	填海后形成人工岸线 /km	减少自然岸线 /km
1	金鼓江口—大榄坪—鸡丁头—硫磺山岸段	27.107	7.427
2	果子山—鹰岭岸段	15.418	11.895
3	箭沟作业区沿岸	8.036	5.357
4	犀牛脚镇大环村岸段	2.777	1.897
5	犀牛脚渔港西侧岸段	1.684	0.732
	合计	55.022	27.398

表5-7 铁山港较大规模填海形成的人工岸线及减少自然岸线统计表

序号	围填海较大规模岸段或区域名称	填海后形成人工岸线 /km	减少自然岸线 /km
1	兴港镇谢家—新海岸段神华集团北海项目区域	11.029	4.066
2	彬定—淡水口—啄罗岸段铁山港西港区啄罗作业区域	9.745	1.204
3	北暮盐场一带临海工业区域	4.028	2.114
4	铁山港东南岸奇珠集团北部湾沙田港区域	2.920	1.974
5	马路口岸段中石化北海基地码头区域	2.856	0.626
6	石头埠岸段国投北海电厂区域	2.175	0.830
7	铁山港石头埠北部冲口坡沿岸区域	1.839	0.554
8	石头埠北部赤江陶瓷厂岸段北海恒久公司码头区域	1.769	0.967
9	石头埠北部湾海洋重工公司	1.735	0.572
10	沙田港南岸区域	1.656	0.191
	合计	39.752	13.098

同时，有的岸段的滨海公路主要是在人工填海造陆基础上建成的，公路建成后，改变了自然的海岸地貌结构，人工海岸地貌——滨海道路成为海洋动力作用的前缘，如北海半岛北岸滨海大道建成后，改变了自然的砂质海岸、海滩地貌结构，如照片5-6所示。有的岸段由于滨海城镇化建设，占据了自然海岸线资源，人工海岸彻底替代了自然海岸，如照片5-7所示。由上述可见，随着北部湾经济区发展规划的实施继续向前推进，广西海陆交错带开发建设力度将会逐渐加大，人工岸线在增加，自然岸线继续减少将不可避免。

照片5-6　北海半岛北岸人工海岸——滨海大道改变了自然的砂质海岸、海滩地貌结构（黎广钊摄）

照片5-7　北海南岸城镇化建设形成的人工海岸彻底替代了自然砂质海岸状况（黎广钊摄）

5.2.3　海岛形态发生变化，部分海岛消失

围填海改变了海岸线形态和海底地形，使自然岸线和潮滩湿地转变为人工岸线和
建设用地，导致近海海岛、沙坝、湿地等自然地貌形态消失，沿海自然景观破碎度严
重（肖汝琴等，2014）。广西沿岸海域早在20世纪70年代，防城港市江平镇沿岸由于
围填海，使京族三岛—巫头岛、万尾岛、山心岛等海岛陆地化。近20多年来，随着
《广西北部湾经济区发展规划》的实施，广西沿海港口运输业、临海工业、滨海城市化
迅速发展，大规模填海造地，开山采石，推山填海，破坏了海岛的天然植被，损害了
海岛自然地形地貌景观。如防城港湾的渔沥岛演变成渔沥半岛，钦州湾的籬沟岛、仙
人岛、果子山岛变成了陆连岛。甚至部分海岛被毁灭消失，海岛数量减少。尤其是钦
州港和防城港大规模填海工程，如钦州湾中部东岸海域的鹰岭岛、马口岭岛、虾塘岛、
老颜车岛、鲨壳山岛等海岛已被推毁建设成港口码头作业和临海工业区，使这5个海

岛已经永久性消失；又如原来的有居民岛——果子山岛已被劈山填海与陆地连成一片，改变了海岛的自然地貌形态；还有原分布在防城港湾西湾东岸海域的长山尾岛，东湾东北海域的葫芦岭岛、大山墩岛、独山岛等已被推毁填海建设成城镇工业区和防城港口码头区。同时，有的海岛虽然未被推毁消失，但通过填海工程连成陆，如照片 5-8 反映出钦州港簕沟墩北部广西钦州市汇海粮油工业基地通过填海与簕沟北岛连成陆地，将导致海岛演变为陆地化，使海岛失去了四周环水的自然地貌特征。

照片 5-8　钦州港簕沟墩北部由填海与簕沟北岛连岛成陆工程状况（黎广钊摄）

5.2.4　海岸滨海湿地减少或消失，自然景观遭到破坏

围填海后，人工景观取代自然景观，很多有价值的海岸景观资源在围填海过程中被破坏。尤其是，围填海对滨海湿地植被的影响最为显著，导致红树林、海草床、芦苇丛等典型建群植物的大量消失，并使湿地丧失碳固定/储存功能（Valitela et al.，2001；张明慧等，2012；索安宁等，2010）。如钦州港簕沟墩西北部汇海粮油工业基地工程填埋了一片红树林湿地，失去红树林湿地的自然景观（照片 5-9）；又如钦山港西港区玉塘岸段中石化北海 LNG 项目向海建设 5.12 km 长的大坝，填埋了一片沙滩湿地，严重破坏了海岸沙滩湿地自然景观（照片 5-10）；还有的围填海工程为了降低工程造价，用于围填海工程的充填材料采取就地取材，开挖岸边山体或岛体的泥石直接作为填海材料，破坏了海岸原始景观，这些被破坏的沿岸景观资源，在很长的一段历史时期内是难以恢复的。

照片 5-9　箵沟墩西北部汇海粮油工业基地工程填埋一片红树林湿地，失去湿地自然景观（黎广钊摄）

照片 5-10　钦山港西港区玉塘岸段中石化北海 LNG 项目向海建设大坝填埋一片沙滩湿地，
破坏了海岸沙滩湿地自然景观（黎广钊摄）

第6章　现代海岸变化的驱动机制

受全球及海岸带区域环境过程与人类活动的综合影响，海岸线发生剧烈变化，对生态、环境、经济社会的影响不容忽视，海岸线变化相关研究因此得到普遍关注（母亭，侯西勇，2016）。导致广西现代海岸变化的驱动因素很多，主要可分为两大类：自然驱动因素和人为（人类活动）驱动因素两大类，特别是与人类活动关系更加密切。其中自然因素主要有热带气旋（尤其是台风暴潮）、海平面上升、海岸的自身性质（地质条件、地貌形态）及水动力条件等因素；人为因素主要有社会经济发展、围填海工程建设（尤其是较为大型或大规模的围填海工程）、入海河流输沙量减少、人工采挖海沙和河沙、生物入侵、砍伐沿岸沙地防护林等因素。现将自然因素和人为因素分别阐述如下。

6.1　自然因素

6.1.1　台风暴潮（热带气旋）

1）近50年来广西台风暴潮频率及强度

全球变暖，热带洋面温度上升，气压下降，热带气旋随之增多，当热带气旋登陆，在海平面升高背景下，极端海水漫溢与洪涝灾害频率、强度增加（Peduzzi et al.，2012），海岸将遭受大规模、更强与更频繁的侵蚀（Woodruff et al.，2013）。气候变暖则构成20世纪以来全球及区域海岸（线）变化的重要影响因素（母亭，侯西勇，2016）。因此，全球变暖，热带洋面温度上升，气压下降，就会增加产生台风暴潮的机会（夏东兴等，2009）。在全球气候变化影响下，北部湾北部广西沿海地区面临的台风灾害频繁。为了分析影响广西沿海台风频率的变化情况，收集了1951—2014年台风中心进入广西沿海海域或海岸并造成较大影响和不同程度的台风灾害次数统计共90次（图6-1）。从图6-1（上幅）中可以看出60年来造成较大影响广西沿岸的台风次数变化情况，显示出20世纪50年代是台风登陆频率最低的时期，登陆频率为0.5次/a，60年代为1.0次/a，70年代为1.4次/a，80年代为1.0次/a，90年代为1.3次/a，2000年至2007年为1.1次/a，自2008年开始，台风登陆频率大增，2008年至2014年7月间即有台风24次影响广西沿海，频率高达3.4次/a。总体上显示自20世纪50年代以来影响北部湾北部广西沿海地区的台风频率增加，强度增强的趋势。

为了分析台风中心进入广西沿海海域或海岸的台风强度变化情况，我们收集了北

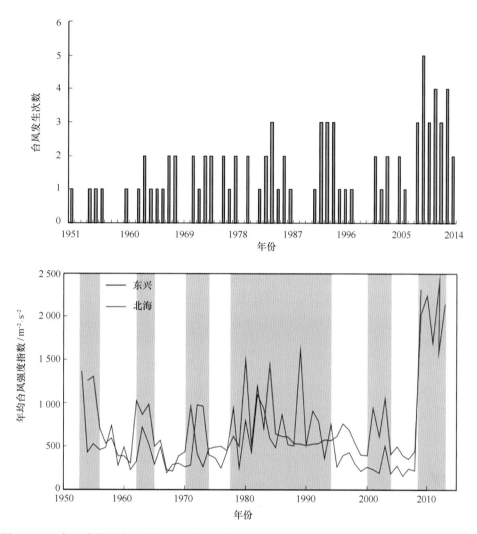

图 6-1　60 年以来影响广西沿海地区台风次数及强度变化情况（阴影表示台风强度较大时期）

海和东兴两地（代表广西海岸东、西部地区）近 60 年以来的风速数据（月最大风速），每年取前 3 个最大风速数据的平方和作为反映当年台风强度总的指数，则可以得到历史时期以来年均台风强度指数的时间序列，其年均台风强度变化趋势如图 6-1（下幅）所示。从图 6-1（下幅）中可以看出 60 年来，影响广西沿海地区的台风强度变化具有 4 个时段的不同特点：①在 20 世纪 80 年代之前，台风强度变化大致有 5～7 a 的周期，每隔 5～7 a 低强度期之后就会出现 3～4 a 的高强度时期，整体反映台风登陆频率和强度均偏低；②从 20 世纪 80 年代至 90 年代为中期，台风强度出现持续高值期，这段时期属于广西海岸侵蚀程度加重、范围扩大的时段，揭示台风登陆频率虽然较低，但强度较大；③自 20 世纪 90 年代后期至 2007 年，为台风强度总体减弱时期；④自 2008 年至 2014 年，由于登陆或影响广西沿海的强台风次数及强度显著增加，导致年台风强度指数值剧增，反映自 2008 年之后至 2014 年台风登陆频率和强度均大幅度增加。尤其是 2014 年一年中就有两次超强台风在横穿广西沿海海域或海岸，其中超强台风 1409 号"威马逊（Rammasun）"于 7 月 19 日在广西防城港市光坡镇沿海再次登陆，登陆时中心附近最大风力有 15 级；1415 号"海鸥（Kalmaegi）"于 9 月 16 日横穿广西沿海涠洲岛海域，中心附近最大风力有 13 级，超过了过去 50 年的最高值，这也可表明广西海岸侵蚀程度又进入了一个加剧时期。

2）台风暴潮

台风是引发海岸侵蚀的最重要的关键因素，台风期间的暴风浪能量巨大，可以造成滩面严重下蚀，海岸崩塌、后退，将泥沙搬离近岸，一次强台风所造成的泥沙侵蚀量可超过正常海况下整个季节的冲淤总量，有的超强台风造成的海岸侵蚀甚在几年乃至十几年之后都难以恢复。

台风发生时，浅海的增水现象常形成风暴潮灾害，风暴潮灾害虽然是突发性的，但作用力强，破坏性大，对海岸地貌、海底地形和滨海沉积物运移都有较大影响（Basco，1996；Hampton，1999；王文海，吴桑云，1994）。相关研究表明：风暴潮灾虽然作用时间短，但发生突然，破坏性大，对海岸地貌、海底地形和海洋沉积产生巨大影响（蔡锋等，2008）；同时，台风强度与发生频率与海表温度有显著正相关关系，近年来，随着全球气候变暖，南海表层水温升高，强台风发生几率在增加，这种趋势随之会导致登陆广西的台风次数和强度增加，从而造成海岸侵蚀。从本节前面有关对广西沿海地区影响较大的台风登陆频率和强度分析中得出，在广西沿海 20 世纪 80 年代以前台风登陆频率和强度均偏低，80 年代至 90 年代台风频率虽然较低，但强度较大；自 2008 年以来的台风登陆频率和强度均大幅增加。这种变化规律和广西海岸侵蚀的演化趋势相吻合，广西海岸侵蚀自 80 年代开始出现并于近 10 年来显著加剧。实际上，据我们 2014-2015 年开展广西海岸侵蚀现状调查，发现海滩后缘普遍发育的海岸侵蚀陡坎位置均在平均高潮线以上（图 6-2），且一些岸线即使平均海平面以下部分处于淤积状态，也仍然在高潮线之上发育侵蚀陡坎，尤其是对广西沿海地区造成严重灾害的强台风或超强台风有 6 次，如 1978 年 8 月 28 日 03 时在广西东兴登陆的 7812 号"Elaine"台风，1996 年 9 月 9 日 18 时 18 时在防城港市登陆的 9615 号"莎莉"（Sally）台风，2003 年 8 月 25 日 13 时横穿北海市涠洲岛海域的 0312 号"科罗旺"（Krovanh）强台风，2008 年 9 月 22 日 14 时在广西北海市合浦县登陆的 0814 号"黑格比"（Hagupit）强台风，2014 年 7 月 19 日 07 时在广西防城港市光坡镇沿海再次登陆的 1409 号"威马逊"（Rammasun）超强台风，2014 年 9 月 16 日 18 时横穿北海市涠洲岛海域的 1415 号"海鸥"（Kalmaegi）台风等 6 次。这 6 次台风或超强台风均对广西沿海地区造成严重影响（灾害），海岸建筑物或海堤被台风暴潮海浪冲垮、推毁，海岸崩塌形成海蚀崖，沿岸防护林树根裸露、连根翻倒，如照片 6-1、照片 6-2、照片 6-3、照片 6-4 所示。尤其是在 2014 年 7 月 19 日超强台风"威马逊（Rammasun）"横穿北海沿海海域，沿岸出现 84.0～250.0 cm 的风暴增水，造成白虎头村沙堤沿岸建筑物被台风暴潮海浪推毁，海岸形成侵蚀陡坎地貌，沿岸防护林树根裸露、有的树木连根翻倒、沙滩地貌形态受到破坏状况，如照片 6-5、照片 6-6 所示。这些现象都表明了台风期间产生的台风暴潮海浪是造成广西海岸侵蚀、海岸地貌形态发生变化的主要驱动因素。

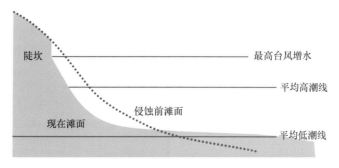

图 6-2　广西台风暴潮增水侵蚀海岸剖面普遍形态示意图

照片 6-1　江平镇巫头村中部南岸养殖池塘海堤遭受台风海浪侵蚀冲垮、崩坍、推毁现状（黎广钊摄）

广西沿海地区受到强台风或超强台风影响期间，几乎都出现台风暴潮海浪、大风暴雨、特大暴雨、洪涝等灾害，造成海堤冲垮、房屋建筑物倒塌、农作物失收、人员伤亡等生命财产损失严重局面。尤其是，最近 2014 年 7 月 19—20 日遭受 1409 号"威马逊"（Rammasun）超强台风影响，广西沿岸出现了 84.0～250.0 cm 的风暴潮增水，其中北海站最大增水 170.0 cm，钦州站最大增水 250.0 cm，防城站最大增水 286.0 cm，涠洲站最大增水 84.0 cm，由于风速大、海浪高，广西沿海出现较为严重的风暴潮海浪灾害：损毁船只 216 艘，损坏海堤及护岸 49.03 km，作物受灾面积 7 530.0 hm²，养殖设施损失 6 100 个，受灾人数 155.43 万人，死亡 9 人，直接经济损失 24.66 亿元。还

照片 6-2　山口镇乌坭沿岸局部海堤遭受海浪冲垮、推毁、崩塌严重状况（黎广钊摄）

照片 6-3　犀牛脚镇三娘湾东花根村海岸被海浪侵蚀崩塌、形成 15~20 m 高的
海蚀崖海岸侵蚀地貌（黎广钊摄）

照片 6-4　福成镇山塘村南部局部岸段遭受海浪强烈侵蚀，海岸后退导致临岸
民房围墙被海浪冲垮，崩塌陡坎状海岸侵蚀地貌（黎广钊摄）

照片6-5 北海白虎头沙堤海岸遭到"威马逊"超强台风及风暴潮侵蚀造成沿岸建筑物冲垮、
树木连根翻倒、根系裸露等海岸侵蚀状况（黎广钊摄）

照片6-6 北海白虎头沙堤海岸遭到"威马逊"超强台风及风暴潮冲刷
形成侵蚀陡坎地貌（黎广钊摄）

有2014年9月16日遭受1415号"海鸥"（Kalmaegi）强台风影响，广西沿岸各验潮站出现86.0~161.0 cm的风暴潮增水；同样由于风速大、海浪高，广西沿海出现不同程度的风暴潮海浪灾害：损毁船只285艘，损坏海堤及护岸18.14 km，作物受灾面积130.0 hm²，养殖设施损失1 791个，农田淹没3 730.0 hm²，受灾人数69.35万人，直接经济损失3.64亿元。

6.1.2 海平面变化

1）近50年来广西海平面变化趋势

海平面上升通过潮流、波浪和风暴潮作用增强，海岸潮滩和湿地损失，岸滩消浪和抗冲能力减小等途径引起海岸侵蚀加剧。其结果是，侵蚀岸段扩大，淤涨岸段减少甚至转为侵蚀，潮间带宽度变窄，坡度加大，从而使沿岸海堤等挡潮工程的标准要相应提高。

在海平面上升的情况下，如果没有充足的外来泥沙供应，随着海岸受到海水浸淹地形高程增加，海滩被淹面积扩大，岸线后退，必然导致海滩上部侵蚀。据莫永杰等对广西沿海 5 个验潮站潮汐数据的统计，自 20 世纪 60 年代后期至 90 年代，广西沿海海平面变化趋势有升有降，反映了该区域构造运动的差异，平均上升速度为 0.5~1.7 mm/a，平均下降速率为 0.3（石头埠）~0.6（防城港）mm/a。根据以上数据，可以计算出近 50 年以来，江山半岛东岸的平均海平面下降了 6 cm，南康河口的平均海平面下降了约 3 cm，此两处的海岸侵蚀主因显然不是海平面变化。而三娘湾的平均海平面上升幅度最高不超过 10 cm，由此可见，在三娘湾，最近 50 年以来海平面上升造成的海岸侵蚀十分微弱。综合以上情况，可以判断 50 年以来的海平面上升对广西海岸侵蚀的影响较轻，从而造成海岸地貌形态变化较轻。

（1）近年来我国海平面变化趋势

根据国家海洋局《2014 年中国海平面公报》显示，我国沿海海平面变化总体呈波动上升趋势。2014 年，我国沿海海平面较常年（1975—1993 年）高 111.0 mm，较 2013 年高 16.0 mm。与常年相比，其中，渤海、黄海、东海和南海沿海海平面分别升高 120.0 mm、110.0 mm、115.0 mm 和 104.0 mm。与 2013 年相比，东海沿海海平面升幅最大，为 38 mm；黄海沿海和渤海沿海次之，分别升高 22.0 mm 和 13.0 mm；南海沿海海平面降低 10.0 mm。1980—2014 年，我国沿海海平面上升速率为 3.0 mm/a。

与政府间气候变化专门委员会（IPCC）公布的不同时段全球海平面上升速率相比，我国沿海海平面上升速率高于全球平均水平。1980—2014 年，中国沿海海平面平均上升速率为 3.0 mm/a，自 20 世纪 90 年代以来，我国沿海海平面变化区域特征明显。

受气候变化和海平面上升累积效应等因素影响，河北、江苏和海南等省沿岸的海岸侵蚀范围加大，辽宁、河北和山东等省的海水入侵与土壤盐渍化程度增强，长江口和珠江口的咸潮、广东和海南等地的风暴潮灾害加剧。

（2）广西 50 年来海平面变化趋势

在海平面上升的情况下，如果没有充足的外来泥沙供应，随着海岸受到海水浸淹地形高程增加，海滩被淹面积扩大，岸线后退，必然导致海滩上部侵蚀。据莫永杰等对广西沿海 5 个验潮站潮汐数据的统计（莫永杰等，1996），自 20 世纪 60 年代后期至 90 年代，广西沿海海平面变化趋势有升有降，反映了广西沿岸区域地质构造运动的升降差异，其中涠州岛平均上升速率为 0.8 mm/a，北海为 1.7 mm/a，白龙为 0.5 mm/a，防城港平均上升速率为 0.5 mm/a，仅石头埠出现平均下降速率为 0.6 mm/a。石头埠海平面下降主要是受到雷州半岛地壳抬升的影响，雷州半岛—石头埠一带地壳垂直形变上升速率较大为 2.5~3.0 mm/a。总体上，广西沿海海平面变化速率为 0.5~1.7 mm/a。

同时，根据具有代表性北海站（1965—2014 年）50 年来观测记录统计，北海海平面变化平均上升速率为 1.9 mm/a，如图 6-3 所示。2014 年广西沿海海平面比常年（1975—1993 年）高 59.0 mm，比 2013 年低 19.0 mm。预计未来 30 年，广西沿海海平面将上升 60.0~120.0 mm。

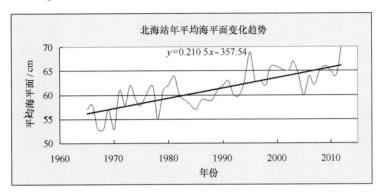

图 6-3　广西北海站年平均海平面变化趋势（1965—2013 年）

2）海平面变化对海岸变化驱动作用

海平面上升是一种经过缓慢积累过程而发生的慢性灾害，其长期累积效应造成海岸侵蚀、咸潮、海水入侵与土壤盐渍化等灾害加剧。尤其是，海平面上升加剧台风暴潮灾害。高海平面抬升了风暴增水的基础水位，高潮位相应提高，风暴潮致灾程度加大。如 2014 年 7 月 19—20 日登陆广西海岸光坡镇沿海的 1409 号"威马逊"（Rammasun）超强台风，9 月 16 日横穿涠洲岛海域的 1415 号"海鸥"（Kalmaegi）强台风严重影响广西沿海地区，造成广西沿岸分别出现 84.0~250.0 cm 和 87.0~161.0 cm 的风暴增水，引起海洋动力作用增强、淹没低滩，导致海岸侵蚀，加剧了广西沿海的风暴潮致灾程度。

通过有关海平面上升对广西海岸地貌侵蚀影响分析，根据前述有关广西多年来海平面缓慢上升的数据，可以计算出近 50 年以来，江山半岛东岸的平均海平面上升了 2.5 cm，年均为 0.05 cm/a。这样反映了该处的海岸侵蚀主因显然不是海平面变化。参考广西侵蚀岸段的海滩后滨坡度为 0.04~0.12 计算，海平面上升造成的最大海岸后退距离仅为 1.0~2.5 m（图 6-4），由此可见，海平面上升是缓慢的长期过程，可以判断 50 年以来的海平面上升对广西海岸地貌侵蚀的影响相对较轻。但其具有长期性、积累性，因此，不能轻视海平面变化对海岸变化驱动作用。

6.1.3　海岸的自身性质及水动力条件

海岸的自身性质（地质条件、地貌形态）是海岸侵蚀发生的基础条件，海岸位置和物质组成与侵蚀发生密切相关（孙杰等，2015）。海岸位置在一定程度上决定了水动

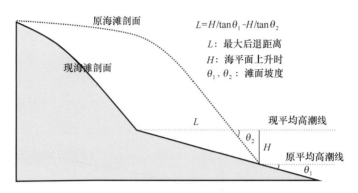

图 6-4　海平面上升造成海岸侵蚀后退最大距离估算示意图

力和泥沙来源条件，如伸入内陆港湾、溺谷湾、河口湾内的海岸属于半封闭的海湾海岸，湾内水动力条件弱，侵蚀强度小于开阔平直的海岸；在有河流入海的海湾，河流带来的泥沙在湾内及其附近沉积，形成淤积海岸，如南流江输入的廉州湾、钦江和茅岭江输入的茅尾海、大风江河输入口湾、防城河输入的防城港湾等均处于淤积状态。尤其是，在南流江河口区口淤积地貌较为明显，由于河流来沙，在河口区淤积形成沙泥质滩涂及河口沙坝，并在河口沙坝及边滩上发育红树林滩等淤积地貌状况，如照片 6-7 所示；大风江口西岸沙角村南岸同样形成有沙滩、沙泥滩、红树林滩等淤积地貌类型，如照片 6-8 所示。但是，在湛江组和北海组地层组成的未固结的土崖海岸，未经过成岩作用，呈半胶结或松散状态，抗向岸流、波浪侵蚀能力低，如营盘南康河口西岸老鸦龙村南岸是由未固结成岩的北海组、湛江组地层构成的土崖海岸容易遭受海浪冲刷而发生崩塌滑坡、海蚀崖等海岸侵蚀地貌现象（照片 6-9）；砂质海岸松软，黏结度差，最容易产生海岸侵蚀；又如江山半岛东南岸鲴鱼沥村沿岸沙堤海岸遭受侵蚀而后退、海岸防护林树根被海浪淘空、连根翻倒等海岸侵蚀地貌现象（照片 6-10）。

照片 6-7　南流江西江主流河口滩涂、河口河口沙坝等淤积地貌状况（黎广钊摄）

照片 6-8　大风江口西岸沙角村南岸沙滩、沙泥滩、红树林滩等淤积地貌类型（黎广钊摄）

照片 6-9　营盘南康河口西岸老鸦龙村南岸由未固结成岩的北海组湛江组地层构成的土崖海岸
遭受海浪侵蚀而发生崩塌、滑坡，形成海蚀崖（陡坎）地貌状况（黎广钊摄）

照片 6-10　江山半岛东南岸鲕鱼沥村沙堤海岸遭受侵蚀而后退、海岸防护林树根被海浪淘空、
连根翻倒的地貌状况（黎广钊摄）

6.2 人为因素

6.2.1 社会经济发展因素

社会经济发展驱动因素包括社会因素和经济因素。

1）社会因素

社会因素对海岸变化影响较大。其中，人口因素对海岸变化的影响尤其明显（孙才志，李明昱，2010）。随着区域的社会经济发展、人口增多，人类为满足自身需求，不断改造地表环境，人为活动不可避免地会造成区域自然海岸线、自然海岸地貌、滨海湿地面积减少、生态环境质量下降、生态功能减弱等自然海岸退化现象。广西沿海北海、钦州、防城港等三市近 10 年（2006—2015 年）来的人口统计数据结果如表 6-1 所示。从表 6-1 可知，广西沿海三市总人口从 2006 年的 572.55 万增加到 2015 年未的 667.85 万，净增 95.30 万，增长了 16.65%。沿海区域人口逐年增加必然表现为对住房、交通和公共设施等方面的需求加强。随着广西沿海港口、临海工业、滨海旅游、城镇化的发展，农村劳动力大量涌入城市，导致城市人口压力增大，促使城镇用地扩张。同时，城市化进程的加快和农村人均住房面积的增加使得沿海地区通过填海造地增加陆地面积以满足人们需求，最终导致海岸线变得平直或向海推进，人工海岸增加，自然海岸减少的趋势。

表 6-1　广西沿海三市近 10 年（2006—2015 年）来人口数据统计（单位：万人）

年份	2006	2007	2008	2009	2010	2011	2012	2013	2014	2015
北海市	149.24	152.06	156.32	157.72	160.18	161.75	163.04	164.41	169.31	171.97
钦州市	341.10	348.56	355.99	364.51	371.19	379.11	382.62	385.22	402.00	404.00
防城港市	82.21	83.32	84.76	86.92	86.69	86.01	86.54	87.26	90.80	91.84
合计	572.55	583.94	597.07	609.15	618.06	626.87	632.20	636.89	662.11	667.81

2）经济因素

由表 6-2 可以看出，广西沿海三市国内生产总值（GDP）统计结果，显示从 2006 年的 546.32 亿元增至 2015 年的 2 457.20 亿元，净增 1 910.88 亿元，增长了 349.77%，将近 3.5 倍。这有力地说明近 10 年来，广西沿海经济带经济实力增长快，社会经济发展迅速，GDP 的高速增长是影响广西海陆交错带海岸变化的主要驱动因素之一。再从广西沿海北海港、钦州港、防城港等三大港口近 10 年来货物吞吐量统计数据来看（表 6-3），从 2006 年的 4 538.8 万吨增至 2015 年的 20 482.3 万吨，净增 15 943.5 万吨，增长了 351.27%，达到 3.51 倍，与沿海三市 GDP 增速基本一致。显然，沿海三大港口经济的发展与沿海三市经济的发展密切相关，港口建设、临港型工业的发展使近陆海域成为建设用地扩展的区域，这一过程势必引起沿海土地使用面积的增加，从而扩大围填海面积，促使海陆交错带向海域扩展，增加人工海岸线长度。

表6-2　广西沿海三市近10年（2006—2015年）来国内生产总值（GDP）数据统计（单位：亿元）

年份	2006	2007	2008	2009	2010	2011	2012	2013	2014	2015
北海市	199.64	246.58	313.88	317.71	397.58	496.60	630.80	735.00	856.01	892.08
钦州市	245.07	303.92	377.42	396.37	520.67	646.65	724.50	753.74	854.96	944.40
防城港市	119.61	159.28	212.18	251.04	320.42	419.84	457.05	525.12	588.94	620.72
合计	546.32	709.78	903.48	965.12	1 238.67	1 563.09	1 812.35	2 013.86	2 299.91	2 457.20

表6-3　广西沿海三大港口近10年（2006—2015年）来港口吞吐量数据统计（单位：万吨）

年份	2006	2007	2008	2009	2010	2011	2012	2013	2014	2015
北海港	403.0	501.8	950.0	1014.9	1250.5	1590.8	1757.4	2077.9	2275.5	2468.3
钦州港	751.8	1 206.3	1 507.6	2014.0	3 022.0	4 716.2	5 622.0	6 035.0	6 413.0	6 510.0
防城港	3 382.0	5 152.9	5 625.8	6 380.0	7 650.0	9 024.0	10 058.0	10 600.0	11 500.0	11 504.0
合计	4 536.8	6 861.0	8 083.4	9 408.9	11 922.5	15 331.0	17 437.4	18 712.9	20 188.5	20 482.3

6.2.2　围填海工程建设

广西沿海修筑了很多海岸工程，不合理的海岸建筑和较大规模的围填海工程占据了自然海滩和潮间带及浅海空间面积，破坏了海滩及海域自然状态和自然结构，从而对海滩及近岸浅海的输沙平衡造成很大的影响。在波浪沿岸纵向输沙作用较强的海岸，建设向海凸出的海岸工程如填海造地、围海养殖、港口码头、河口堤坝、拦海堤坝、旅游设施等海岸工程建设，必然会破坏海岸的输沙平衡，造成海岸输沙的上游段淤积、下游岸段侵蚀。目前由于这类海岸工程数量越来越多，分布越来越普遍，对海岸地貌变化产生的影响也越来越大。

在广西沿海城市发展与经济规模不断扩大，临海工业及港口规模不断扩大建设的过程中，城市、工业、交通、旅游用地日趋需求增加，沿岸填海造陆工程为区域经济发展提供了宝贵的土地资源。其中，防城港湾较大规模填海造地面积达 26.783 km²，钦州湾钦州港达 38.456 km²，铁山港达 19.328 km²，三大港湾填海造地面积合计达 84.567 km²，这给沿海三市提供了大量土地资源，同时，大量的自然滩涂、浅海资源随之永久性消失。此外，钦州湾东南部三墩海域为了确保中船修造船、中石油原油储备和 LNG 等一批大型石化、装备制造、大宗液体和干散货项目用海，采用海底泥沙吹填进行较大规模填海工程（照片 6-11），自北大陆海岸硫黄山向南至三墩海域填海 10.298 km 长的"大榄坪至三墩公路"大坝工程，这种采用海底泥沙吹填，不仅严重改变了三墩海域海底地貌形态，破坏了业已形成地海底环境平衡状态，而且由于向海伸展 10 多千米的吹填工程已引起该海域水动力环境的改变，从而引起新的海底、海岸侵蚀或淤积，主要表现在阻挡了北部鹿茸环江、大灶江的泥沙向南—西南方向输送，导致犀牛脚西南岸外沙东岸段近年产生海岸侵蚀强烈，海岸后退明显。还有，防城港湾渔沥半岛向西南部海域及东湾海域扩展建设港口码头、仓储工程等（照片 6-12），大量开挖海底泥沙，进行吹沙填海造地，引起了江山半岛东岸西现—三块石—脯鱼沥—腊鱼沥—牛头岭一带海岸侵蚀严重，导致海岸后退现象。

照片 6-11　钦州湾外湾三墩一带海域抽砂填海工程现状（黎广钊摄）

照片 6-12　防城港湾东湾港口码头填海工程现状（王欣摄）

6.2.3　入海泥沙减少

河流输沙是海滩沙的主要来源，它维持了海岸的稳定，或使之向海淤进。我国河流入海泥沙近几十年来已大量减少，也引起海岸后退（夏东兴等，2009）。广西海陆交错带沿岸入海河流中、上游水库、水闸及河口水闸建设是减少入海河流输沙量、径流量的直接原因之一。广西沿岸陆域 5 km 地区的西部大部面积为低丘侵蚀剥蚀台地，东部大部分面积为古冲积—洪积平原。为了防止旱涝灾害、发展农业，在广西沿岸陆域地区修建了各式各样的水利工程，如防城港市陆域地区较大型的水库有竹排江上游的黄淡水库（总库容 5 869 万 m³），榄埠江上官山辽水库（总库容 590 万 m³）等，还有那永、大勾龙、夹浪、大龙、大窝口、平稳、三曲、石排麓、林潭、三田、三波、小陶等 12 个小型水库；钦州市陆域地区较大型的水库有大风江上游的金窝水库（总库容 5 660 万 m³），田寮水库（总库容 1 030 万 m³）等，还有那控耳、鲤鱼江、大马鞍、大禾塘、高桥、马鞍山、走贼坑、龙贡坑、深盛、企山、垭龙江、礁砍龙、细垭坑、大面垌、后背江、大马等 16 个小型水库；北海市陆域地区较大型的水库有合浦水库（总库容 12.5 亿 m³），洪潮江水库（总库容 7.03 亿 m³），牛尾岭水库（总库容 1 773 万 m³）等，还有鲤鱼地、龙门江、青山、山窑、乌头塘、水路江、磨刀石、大排、六湖、陂米河等 11 个小型水库；较大型水闸有南流江上洋水闸、钦江中游青年水闸等两个；南康河口水闸 1 个。上述这些入海河流中、上游水库、水闸及河口水闸建设在不同程度上减少了河流向海输送的泥沙量，从而对海岸侵蚀造成了加剧作用。

由于河流中、上游建设水库或建水闸阻挡了入海河流流域的泥沙向海输送，入海泥沙的减少对海岸侵蚀后退的影响是明显并直接的。如南流江是广西沿海地区最大的入海河流，在 20 世纪 1954—1999 年共 46 年统计年平均径流量为 68.3 亿 m³，年平均输沙量为 118.0 万 m³，而本世纪 2000—2014 年共 15 年统计年平均径流量为 50.81 亿 m³，年平均输沙量为 61.40 万 m³，无论是年均径流量或年平均输沙量均具明显减少趋势，尤其是本世纪年平均输沙量比 20 世纪年平均输沙量减少 48.0%；又如钦江在 20 世纪 1954—1999 年共 46 年统计年平均径流量为 19.6 亿 m³，年平均输沙量为 31.1 万 m³，本世纪 2000—2014 年共 15 年统计年平均径流量为 10.56 亿 m³，年平均输沙量为 17.3 万 m³；本世纪年平均输沙量比 20 世纪年平均输沙量减少 44.0%（表 6-4）。因此，说明入海河流中、上游建设水库或水闸减少泥沙向海输送量也是引起广西海岸地貌变化的原因之一。

表 6-4　广西沿海南流江、钦江入海年均径流量和年均输沙量减少比例

河流名称	水文站	20 世纪（1954—1999 年）年均输沙量/10⁴ t	21 世纪（2000—2014 年）年均输沙量/10⁴ t	减少比例/%
南流江	常乐站	118.0	61.40	48.0
钦江	陆屋	31.1	17.3	44.0

6.2.4　人工采砂

自 20 世纪 80 年代以来，沿海经济的发展导致人们对建筑用砂的需求越来越大，盲

目开挖海滩沙和河道河床沙现象常有出现。如南流江沿岸从石湾河段、上洋、党江等河段河道可见多处河道、河床抽沙场（照片6-13）。从照片6-13中可以看出，南流江沿岸存在有大、中、小型的河道、河床抽沙场。据不完全统计，每年至少从南流江河道、河床抽挖河砂数十万吨至上百万吨供合浦、北海等地建筑用砂。又如涠洲岛开挖海滩沙、珊瑚碎屑海滩岩作为建筑砂、石料较为严重，尤其是涠洲岛西北岸沙滩可见多处较大面积开挖的海滩砂场。在图6-14显示出涠洲岛西北部沿岸岸段的沙堤、沙滩遭受人工挖沙、采沙严重状况，其中后背塘村西北岸岸段有一宽约50 m，长约150 m较为大型采沙场，在现场调查发现大片沙滩被开挖采沙，并在沙场中或岸边堆放有准备搬运的人工沙堆，沙滩被采挖后形成了低平采沙场，采挖后造成沙堤海岸形成人工陡坎，同时采沙场中可清楚地看到运沙的车轮踪迹及进入沙场路口状况。因此，大量开挖涠洲岛西北岸段的海滩砂是导致涠洲岛沙堤、沙滩海岸侵蚀，部分岸段海岸后退的原因之一。

照片6-13　南流江党江镇河段河道、河床抽沙场状况（黎广钊摄）

另外，位于涠洲岛东部横岭村东岸沙滩出露的砂质生物碎屑海滩岩，该岸段的海滩岩砂质含量较多，生物碎屑较少，没有珊瑚碎块和珊瑚断枝，结构致密、坚硬，层

照片 6-14　涠洲岛西北部后背塘村西岸海滩采砂场现状（黎广钊摄）

理清晰，当地居民及有的单位开挖作为房屋建筑砖石材料，从照片 6-15 中可以看出，人们沿着海滩岩层理面开挖形成的平整的切面和采挖坑，部分采挖坑已被潮流带来的砂砾充填。因此，开挖涠洲岛沙滩出露的砂质生物碎屑海滩岩同样也是导致涠洲岛沙堤、沙滩海岸侵蚀的原因之一。

还有，近年来在钦州湾外湾钦州港三墩作业区开展了大规模填海造地工程建设，开挖大量海底海砂如钦州湾外湾海域的中间沙，伞（散）顶沙等区域海砂作为填海造地工程的填料，防城外湾大型深水泊位作业区同样开挖了开挖大量防城港湾口门的牛角沙、大沙、钓鱼台、三牙石等区域海砂作为填海造地工程的填料。这都说明大量开挖海砂也是造成海岸海底地形地貌变化，从而引起海岸侵蚀及海岸后退的原因之一。

6.2.5　生物入侵

入侵的外来物种会破坏景观的自然性和完整性，摧毁生态系统，危害动植物多样性，影响遗传多样性（钱翌，2001）。近年来，外来物种入侵给我国造成了巨大的经济损失，对生态安全和人类活动也构成了严重的威胁，其中互花米草是我国引入的典型

照片 6-15 涠洲岛东部横岭东岸采挖珊瑚生物碎屑海滩岩，破坏了自然海滩地貌形态（黎广钊摄）

的海洋生物入侵种，是列入 2003 年我国首批 16 种外来入侵物种名单中唯一的海洋入侵种（徐咏飞等，2009；钱翌，2001）。20 多年来，互花米草在保滩护岸、促淤造陆、改良土壤、绿化海滩和改善生态系统等方面的功能已被人们所认识，但是互花米草在我国沿海的快速蔓延影响着潮滩的生物多样性，并造成河口航道淤积、与滩涂养殖"争地"等负面影响。因此，互花米草的快速蔓延及其盐沼生态系统的形成被认为是典型的外来种入侵（张秀玲，2007；陈中义等，2004；张征云等，2004）。

自 1979 年，广西合浦县引种互花米草于铁山港丹兜海滩涂以来，使当地海洋生态受到严重影响，特别是对红树林的危害日趋严重。互花米草生长速度快，较之生长较慢的红树林更易于遍布滩涂（梁文等，2016）。目前，山口红树林保护区范围内一些宜林滩涂已被互花米草侵占，其面积超过 100 hm² 多，部分互花米草还迅速侵占了红树林边缘地域或林间空隙地，与红树林争夺生存空间（吴黎黎，李树华，2010）。

本次调查发现东起广西沿岸东部英罗港经沙田半岛、丹兜海往西至营盘玉塘村、青山头村、鹿塘村、山角村、山塘村、坪底村等地沿岸一带潮间带滩涂上部均成片或簇状的互花米草草滩分布，占据了沙泥滩、淤泥滩、红树林滩等自然滩涂空间，破坏了潮间带生物多样性和滩涂养殖生境及湿地地貌景观。如沙田半岛车路口村西南岸沙泥质滩涂生长发育茂盛的互花米草占据了红树林生长空间，造成红树林滩面积退化缩小趋势，详见照片 6-16 所示。又如营盘镇东部玉塘村西南岸滩涂由于互花米草成片连续分布，侵占规模较大的沙滩、沙泥滩自然地貌空间，导致生物多样性退化，沙虫（方格星虫）、泥虫（裸体星虫）、贝类减少状况，详见照片 6-17 所示。又如营盘镇西部鹿塘—山角村南岸一带沙滩、沙泥滩互花米草疯长茂盛、蔓延、连续成片分布，侵占了贝类养殖滩涂的优良场所，位于互花米草草滩外缘滩涂为毁坏了的人工堤坝，详见照片 6-18 所示。

照片 6-16 沙田车路口村西南岸沙泥滩互花米草生长茂盛，导致红树林退化、面积缩小，
破坏了自然潮滩地貌（黎广钊摄）

照片 6-17 营盘东部玉塘村西南岸滩涂互花米草成片连续分布，侵占规模较大的沙滩、
沙泥滩自然地貌空间状况（黎广钊摄）

照片 6-18 营盘山角村南岸沙滩、沙泥滩互花米草疯长茂盛、蔓延、连续成片分布，
侵占了贝类养殖滩涂的优良场所状况（黎广钊摄）

6.2.6 砍伐沿岸沙地木麻黄防护林

木麻黄是广西乃至我国滨海沙地的重要防护树种,在广西沿海北海沙田、营盘青山头—后塘、玉塘,福成白龙—山塘、大冠沙、白虎头,钦州犀牛脚三娘胎湾、大环—外沙、防城港市(钦州湾西南岸)沙螺寮—山新—底坡—沙耙墩,企沙半岛南岸天堂角—天堂坡,赤沙—樟木沥—板辽,江山半岛东南岸大坪坡—西现—脯鱼沥—牛头岭,江平巫头—沥尾等地沿岸沙堤沙质海岸均建设良好的木麻黄防护林带。这些木麻黄防护林带在缓解沿海地区生态环境恶化,弥补海岸带生态脆弱性,抵御自然灾害,尤其是台风方面发挥了重要的作用。但近年来由于我区临海工业建设发展迅速,滨海沙地部分岸段的木麻黄防护林遭受了严重的人为干扰,砍伐木麻黄防护林带、部分沙堤沙滩岸段开辟为临海工业基地。如企沙半岛西南岸赤沙—樟木沥—板辽岸段原有滨海沙堤及其原有的海岸防护林已全部毁掉,仅在岸边见到零星的树木,被人为砍伐残留下的枯死树根和零星树木、树根遭受海浪侵蚀较为严重。尤其是赤沙(中电防城港电厂南侧)—樟木万北岸海岸位于企沙半岛西南海岸,即防城港电厂南侧海岸。该段海岸在2008年908专项海岸带地貌与第四纪地质与调查时,原有的海岸防护林生长非常茂盛,海岸仅微弱的侵蚀(照片6-19左、6-20左)。然而,由于中电防城港电厂建设及其南面樟木沥一带建设武钢防城港基地,2010年后陆续将该岸段沿岸生长茂盛的防护林带几乎全部砍伐毁掉,现仅在靠近电厂附近岸段岸边见到零星、残留的树木生存,导致海岸侵蚀严重,海岸后退一般为1.0~2.0 m,最大达4.0 m。自然的沙质防护林海岸遭受海浪侵蚀,形成1.2~1.5 m高的海岸陡坎,海岸后退明显,使树根裸露遗留在沙滩上(图6-19右、6-20右)。这明显反映出砍伐、毁坏沿岸沙堤沙地防护林是造成海岸侵蚀、后退的原因之一。

左:2008年1月摄　　　　　　　　　　　　　　　右:2014年11月摄

图6-19　企沙半岛西南部防城港电厂南侧海岸开发前自然海岸防护林、沙滩海岸(左)
与防护林被砍伐后,造成海岸侵蚀、后退明显(右)现状(黎广钊摄)

左：2008年1月摄　　　　　　　　　　　　右：2014年11月摄

图 6-20　企沙半岛西南部防城港电厂东南岸海岸开发前原始海岸生长茂盛的防护林、宽阔的自然沙滩、沙堤海岸（左）与防护林被砍伐后，造成海岸侵蚀、后退、树根裸露（右）现状（黎广钊摄）

第7章 主要结论和建议

7.1 主要结论

1）深入、系统分析了海陆交错带地貌成因类型及其空间分布格局

通过现场调查研究和综合分析，根据《海岸带调查技术规程》有关地貌划分的规定，结合广西海陆交错带地区的实际情况和以往对地貌类型划分的基础，将研究区海陆交错带地貌成因类型划分为陆地地貌、人工地貌、潮间带地貌等三大类型，其中：陆地地貌进一步划分为侵蚀剥蚀地貌、流水地貌、构造地貌、重力地貌、海成地貌等5类；人工地貌划分为盐田、养殖场、港口码头、海堤、防潮闸、水库、防护林等7类；潮间带地貌划分为河口地貌、岩滩地貌、海滩地貌等3类。经统计，广西海陆交错带各类地貌成因类型的面积详见本书中表2-2所示，总面积共计3 302.63 km^2，其各类地貌成因类型的空间分布格局具有如下特征：

（1）广西海陆交错带大风江以西地区主要大型地貌单元为侵蚀剥蚀台地，大风江以东地区主要大型地貌单元为古洪积-冲积平原。

（2）侵蚀剥蚀台地是海陆交错带分布最广，面积最大的地貌单元，广泛分布于西部江平地区北部、白龙半岛、防城江东西两岸、茅岭江下游的东西两岸、茅尾海东南部及西南部、企沙半岛、金鼓江和鹿茸环江两岸、大风江东西两岸、东部铁山港湾顶北部等地，呈东北—南西向展布，地势起伏漫延。侵蚀剥蚀地貌包括一、二、三级侵蚀剥蚀台地，总面积1 492.68 km^2，占广西海陆交错带地貌总面积3 302.63 km^{2}的45.20%。

（3）古洪积-冲积平原普遍分布于海陆交错带东部沙田—山口—白沙、闸口—石康—南康—营盘—北海、合浦西场、钦州犀牛脚等地，地势较为平缓，自北向南至海岸缓缓倾斜，总面积821.88 km^2，占广西海陆交错带地貌总面积的24.89%，次于侵蚀剥蚀台地，为广西海陆交错带各类地貌成因类型分布面积的第二位。

（4）广西海陆交错带沿海地区的人工地貌突出，尤其是养殖场（养殖虾塘），呈不连续块状分布于东部丹兜海沿岸、铁山港沿岸、南康河口、白龙、西村港沿岸、大冠沙、周江两岸、合浦西场沿海地区、西部江平沿海地区、防城港湾西岸潭逢、沙潭江、钦江河口沿岸地带，钦州湾东岸大榄坪西牛脚沿岸大风江西岸等地，总面积344.11 km^2，占广西海海陆交错带地貌总面积的10.42%，为广西海陆交错带各类地貌成因类型分布面积的第三位。

（5）冲积平原、三角洲平原、海积平原在广西海陆交错带分布较广，面积也不小。其中：冲积平原，主要分布于广西沿岸中小河流的中上游和侵蚀剥蚀台地边缘低洼地带及冲沟，呈分散的条带状分布，总面积 151.17 km²，占广西海陆交错带地貌总面积的 4.58%；三角洲平原，主要分布于南流江河口三角洲和钦江—茅岭江复合河口三角洲，该两河口三角洲部分归于河口海岛，故三角洲面积偏小，总面积 140.19 km²，占广西海陆交错带地貌总面积的 4.24%；海积平原，主要分布于西部江平潭吉—巫头—松柏—竹山—楠木山一带企沙半岛南部沿岸、犀牛脚—沙角，东部北海半岛南部沿岸、丹兜海东北沿岸及乌泥等地，总面积 136.73 km²，占广西海陆交错带地貌总面积的 4.14%。

（6）其余海积冲积平原、沿岸沙堤、熔岩台地、潟湖堆积平原、海蚀阶地及人工地貌中港口码头、盐田、水库分布分散、所占面积较小。

（7）广西海陆交错带地貌类型受到不同的形成条件和控制范围的影响，地貌成因类型的分布特征随着海拔高度和起伏的变化而变化，距离海岸 5 km 范围内的不同地貌类型自陆地向海岸呈阶梯状逐级降低趋势，这种地貌类型分布格局在西部江平一带最为明显，其形成海拔>50 m 至<200 m 高程的三级侵蚀剥蚀台地、海拔 15~50 m 高程的二级侵蚀剥蚀台地、海拔小于 15 m 高程的一级侵蚀剥蚀台地，海拔 5~10 m 高程的现代冲积平原及海积–冲积平原、海拔高度 2~3 m 高程的海积平原或养殖场、盐田、海拔 5~10 m 沿岸沙堤等，在中部犀牛脚、铁山港湾北部公馆一带等同样出现这种特征。

2）全面阐明了广西广西海岛地貌成因类型及其空间分布特征

（1）广西海岛地貌成因类型划分为火山地貌、侵蚀剥蚀地貌、流水地貌、海成地貌、重力地貌、人工地貌、岩滩地貌、海滩地貌、珊瑚礁坪等 9 大类型。其中人工地貌中养殖场和珊瑚礁坪两种成因类型涉及到海岛周边海岸线以下海域，其面积规模较大，尤其是人工地貌中的养殖场主要分布在三角洲平原、海积–冲积平原、海积平原的沙泥岛中，而在海湾沿岸的基岩岛中则以人工海堤连接岛屿与岛屿之间的海域或连接岛屿与沿岸陆地之间的海域建成养殖场，使海岛养殖场面积扩大了 1 倍以上。广西海岛 9 大地貌成因类型的总面积为 200.19 km²，其中规模最大的是海岛及其沿岸人工地貌中的养殖场面积为 88.47 km²，占海岛地貌成因类型的总面积200.19 km² 的 44.19%；其次是涠洲岛沿岸潮间带—近岸浅海的珊瑚岸礁和海岛侵蚀剥蚀台地，两者分布规模相当，分别为 26.80 km²、26.73 km²，分别占海岛地貌成因类型总面积 200.19 km² 的 13.39%、13.35%；再者是火山碎屑台地为 20.46 km²，占海岛地貌成因类型总面积 200.19 km² 的 10.22%；第四是三角洲平原为 19.62 km²，占海岛地貌成因类型总面积 200.19 km² 的 9.80%；第五是海积平原为 6.02 km²，占海岛地貌成因类型总面积 200.19 km² 的 3.01%；其余的海岛沿岸沙堤、港口码头、冲积平原、海积–冲积平原、潟湖堆积平原、海蚀阶地等地貌成因类型分布规模很小，所占面积比例也很小。广西海岛各种地貌成因类型的面积规模大小，详见本书中表3-4所示。

（2）火山地貌和珊瑚礁地貌是广西海岛最具特色的地貌类型

①火山地貌：涠洲岛、斜阳岛是我国最大的第四纪火山岛，其是由第四纪喷溢的玄武质火山岩组成，在海底经历了3次喷发旋回才堆积形成涠洲岛，斜阳岛。两岛均拥有我国最典型的火山口，有南湾火山口和横路山火山口，斜阳岛有斜阳村火山口，国内的其他火山口标志多缺乏火山活动与其他地质作用相关联系的证据，而涠洲岛、斜阳岛火山口的产状可以弥补这些不足之处，如南湾火山口西侧西拱手（鳄鱼山）崖壁上可见到火山口与沉积岩围岩的交切关系，近火山口的沉积岩围岩发育一系列正断层，并在火山口围岩遭受了火山高温烘烤成砖红色和焦黑色，还见有火山物质不整合堆积于陆源碎屑沉积岩之上。这些火山遗迹地貌现象在我国已确定的火山遗迹之中是没有的。同时还出露有火山活动自身形成的火山弹、火山集块、火山角砾、火山渣状构造、火山碎屑负荷构造。

②珊瑚礁地貌：涠洲岛珊瑚礁地貌发育。主要分布于涠洲岛北部西角—后背塘—北港—苏牛角坑—公山背、东部横岭—下牛栏—石盘河、西南面滴水村—竹蔗寮—石螺口等地沿岸0~13.4 m水深的近岸浅海区。该岛沿岸水下珊瑚礁地貌主要分为礁坪和珊瑚生长带两个地貌单元，其中礁坪宽215~1 025 m，展布在水深0~4 m之间海域。珊瑚生长带发育在4~13.4 m水深范围，宽215~660 m。珊瑚礁海岸地貌沉积带特征：潮上带的沉积物已见成岩作用，即三期珊瑚生物碎屑海滩岩。其中，第一期，高位海滩岩海拔5~12 m，向海倾斜小于10°，^{14}C绝对年龄测年值为4 100~6 900 aB. P.；第二期，中位海滩岩海拔高3.5~5 m，^{14}C绝对年龄测年值为2 690~4 100 aB. P.；第三期，低位海滩岩海拔高小于3.5，^{14}C绝对年龄测年值为1 290~2 490 aB. P.。潮间带的沉积物由珊瑚屑–贝壳屑–陆源碎屑的混合沉积类型组成。涠洲岛、斜阳岛浅海造礁石珊瑚共有10科22属46种，9个未定种。

3）研究了50年来北海市滨海湿地地貌景观格局变化和海岸线变迁

（1）采用"3S"技术，利用1955年、1977年、1988年、1998年、2004年5个时相的遥感解译数据、结合野外调查，运用景观生态学原理，对北海市滨海湿地进行较为精确的定量描述，分析了50年间北海市滨海湿地的景观格局及其动态变化特征。

（2）采用"3S"技术，利用1955年、1977年、1988年、1998年、2004年5个时相的遥感影像解译数据、结合野外调查和地形图等资料，运用地貌学原理研究北海市近50年以来大陆海岸线变迁特征。

4）充分分析了重要港湾较大规模围填海对海岸地貌的影响

充分利用卫星遥感影像解译数据，同时结合实地调查结果，阐明了近20多年来，广西防城港湾、钦州湾钦州港、钦山港湾等重要港湾开发建设港口码头、仓储、临海工业区、物流加工基地、城镇化等较大规模围填海工程现状，获得防城港湾主要较大规模围填海总面积为 2 678.34 hm²，钦州湾钦州港沿岸区域主要围填海总面积为 3 845.63 hm²，铁山港沿岸主要围填海总面积为 1 932.67 hm²。同时分析了较大规模围填海对海岸地貌变化的影响主要表现在 4 个方面：①潮间带滩涂地貌面积减少，海湾自然属性弱化；②海岸结构及形态发生变化，人工岸线增加，自然岸线减少；③海岛形态发生变化，部分海岛消失；④海岸典型滨海湿地减少或消失，自然景观遭到破坏。

5）厘清了海岸变化的驱动机制

海陆交错带地区受全球及区域环境过程与人类活动的综合影响，海岸发生变化越来越严重，导致广西现代海岸变化的驱动因素很多，经研究、总结可分为自然驱动因素和人为（人类活动）驱动因素两大类，特别是与类活动关系更加密切。其中，自然因素主要有热带气旋气候灾害（尤其是台风暴潮）、海平面上升、海岸的自身性质（地质条件、地貌形态）及其水动力条件等因素；人为因素主要有社会经济发展、围填海工程建设（尤其是较为大型或大规模的围填海工程）、入海河流输沙量减少、人工采挖海沙和河沙、生物入侵、砍伐沿岸沙地防护林等因素。

7.2 建议

1）海岸线是稀缺的、珍贵的公共资源，具有极其重要的战略价值，是海洋经济发展的生命线。鉴于广西沿海地区开发不断拓展，围海造地、港口建设、临海工业、物流加工业、城镇化建设、滨海旅游、房地产开发等用海活动大量增加，海岸线发生了很大的变化和迁移。在沿海城市土地、海域等空间资源开发利用中，海岸线资源的价值被严重低估，粗放开发利用岸线的现象常有出现，资源破坏、浪费非常严重，多样性的海岸地貌景观被损毁。因此，建议尽快制定广西海岸线保护与利用规划，合理控制海岸线开发规模，建立海岸线保护利用机制，划定岸线控制线及生态红线，严格控制占用自然海岸线的开发利用活动。

2）通过本项目调查研究结果，防城港湾较大规模填海造地面积达 26.783 km²，钦州湾钦州港达 38.456 km²，铁山港达 19.328 km²，三大港湾填海造地面积合计达 84.567 km²，这给沿海三市提供了大量土地资源和巨大的社会经济收益，同时，大量的自然滩涂、浅海资源随之永久性消失，人工海岸替代了自然海岸，使天然的港湾、滩涂、浅海面积减少，港湾纳潮量减少，对海洋生态环境和海岸变化造成了较大影响。还有广西沿岸围海的海水养殖场总面积达 344.11 km²，同样在不同程度上改变了滩涂地貌形态和海岸结构，造成海洋生态环境质量下降和滨海湿地退化的趋势。因此，建议加强围海填海工程规模的管理和监控，加强围海填海工程项目的可行性研究和海域使用论证及环境评价工作，禁止可能造成严重生态环境后果的工程项目建设。对新开发的填海造地工程和各项海岸与海洋建设工程，要充分考虑区域性生态平衡条件、海岸自然地貌景观条件及总量控制要求，合理选址和布局。

3）建议制定广西近期围填海规划的整体目标。在分析、论证、比较的基础上提出广西未来沿海经济发展 5 年、10 年内围填海的客观总需求，在围填海综合评估体系基础上确定广西未来 5 年、10 年内可能允许围填海的总规模，在总量控制的基础上提出围填海禁止区、限制区和控制区的分级标准，并确定各级围填海区域的具体岸线、总体控制目标、开发利用类型、规划，并制定出各级围填海工程项目的审批管理制度。

4）对淤积、侵蚀岸段的地质灾害要引起足够的重视，在沿海重大工程布局中要充分考虑海岸的稳定性评价。如目前钦州湾茅尾海、防城港湾、南流江口等岸段淤积日趋严重，而江山半岛东南岸、钦州湾口东岸犀牛脚三娘湾—外沙及西岸沙螺寮—箭山村、北海福成白龙坪底—山塘村、北海白虎头、英罗港马鞍岭、南康河口西岸、江平万尾等岸段海岸侵蚀、后退较严重。建议政府有关部门选择海岸变化（冲、淤变化）较为严重的、具有代表性的岸段、并通过可行性论证，投入资金建立海岸变化长期观测站。通过建立广西海岸变化的长期动态监测站，设置海岸冲、淤动态变化监测断面，进行长时间尺度的周期性监测，及时掌握海岸冲、淤变化的动态。

5）经野外现场调查发现，广西海陆交错带中砂质海岸遭受海浪侵蚀较为明显。建议对于侵蚀较为严重的砂质海岸岸段应采用人工抛沙养滩措施，以恢复沙滩宽度，同时，采用建设离岸潜堤等防护工程以减小海浪、潮流、风瀑潮等海洋动力对沙滩侵蚀、冲刷的作用。如钦州湾三娘湾三娘湾岸段，犀牛脚外沙东部海岸岸段，江山半岛东岸鲕鱼万岸段和牛头村岸段，涠州岛西南石螺口—竹蔗寮沿岸等适宜采用人工抛沙养滩+离岸堤+海岸植被防护工程。

6）鉴于广西海陆交错带复杂性、多样性，海岸地貌与海岸变化的独特性，从促进和支撑广西海陆交错带综合管理实践的角度出发，在未来研究中，应提高决策者与管理者对海岸变化所带来的灾害风险的重视，重点针对广西海陆交错带不同海湾或海岸区域，基于大量高精度数据和机理模型，探索海岸变化规律与机理及其对环境和生态的影响，探讨不同区域之间的相互联系与影响特征，为广西海陆交错带的合理规划与经济持续发展提供科学依据。

主要参考文献

北海市地方志编纂委员会.2009.北海年鉴(2009)[M].南宁:广西人民出版社.

蔡锋,戚洪帅,夏东兴.2008.华南海滩动力地貌过程[M].北京:海洋出版社:1-189.

蔡则健,吴曙亮.2002.江苏海岸线演变趋势遥感分析[J].国土资源遥感(3):19-23.

曹永强,梁凤国,杨俊.2008.辽河流域滨海湿地分类和时空变化规律研究[J].人民长江,39(20):18 -20.

曾聪.2008.广西滨海湿地和滨海植被的概况[C]//中国生态学学会红树林学组执委会.第四届中国 红树林学术会议论文摘要集.厦门:中国生态学学会红树林学组执委会:44-45.

陈吉余,夏东兴,虞志英,等.2010.中国海岸侵蚀概要[M].北京:海洋出版社.

陈鹏.2005.厦门滨海湿地景观格局变化研究[J].生态科学,24(4):359-363.

陈曦,倪金,邝智武,等.2011.辽宁省海岸线近百年变迁特征分析[J].地质与资源,20(5):354-357.

陈中义,李博,陈家宽.2004.米草属植物入侵的生态后果及管理对策[J].生物多样性,12(2):280 -289.

程维明,柴慧霞,周成虎,等.2009.新疆地貌空间分布格局分析[J].地理研究,28(5):1158-1169.

戴志军,李春初,陈锦辉.2004.华南海岸带海陆相互作用研究[J].地理科学进展,23(5):10-16.

丁亮,张华,孙才志.2008.辽宁省滨海湿地景观格局变化研究[J].湿地科学,6(1):7-12.

范航清,黎广钊,周浩郎,等.2015.广西北部湾典型海洋生态系统——现状与挑战[M].北京:科学出 版社.

冯金良.1998.渤海湾西北岸潟湖自然演变及其人为陆化[J].黄渤海海洋,16(2):32-40.

冯利华,鲍毅新.2004.滩涂围垦的负面影响与可持续发展战略[J].海洋科学,28(4):76-77.

高义,苏奋振,孙晓宇,等.2010.珠江口滨海湿地景观格局变化分析[J].热带地理,30(3):215-226.

宫立新,金秉福,李健英.2008.近20年来烟台典型地区海湾海岸线的变化[J].海洋科学,32(11):64 -68.

谷东起.2003.山东半岛潟湖湿地的发育过程及其环境退化研究——以朝阳港潟湖为例[D].青岛:中 国海洋大学.

广西海洋研究所.1986.广西海岸带地貌与第四纪地质调查报告[R].

广西红树林研究中心.2009a.广西海岸带地貌与第四纪地质调查报告[R].

广西红树林研究中心.2009b.广西海岛地质、地貌与第四纪地质调查报告[R].

广西红树林研究中心.2003.中国红树林国家报告[R].

广西红树林研究中心.2013.广西海岛保护与开发利用研究及其管理对策报告[R]

广西北海地质矿产勘察公司.1990.北海市区域综合地质调查报告(1:50 000)[R].

广西壮族自治区湿地资源调查队.2001.广西湿地资源调查报告[R].

广西区遥感中心.2001.广西海洋海岸带遥感综合调查成果报告[R].

广西区遥感中心.2004.广西环北部湾生态环境地质调查遥感解译[R].

广西壮族自治区海洋局.2013.广西壮族自治区2008年海洋环境质量公报[EB/OL].[2013-12-17].
　http://www.gxoa.gov.cn/NewsView.aspx?i.

国家海洋局.2014.2014年中国海平面公报[R].

国家海洋局908专项办公室.2005a.海岸带调查技术规程[Z].北京:海洋出版社.

国家海洋局908专项办公室.2005b.海岛调查技术规程[Z].北京:海洋出版社.

国家海洋局908专项办公室.2005c.海岛海岸带卫星遥感调查技术规程[Z].北京:海洋出版社.

国家海洋局南海海洋工程勘察与环境研究院.2010.广西钦州大榄坪综合物流加工区区域建设用海总
　体规划论证报告[R].

国家林业局.2008.全国湿地资源调查技术规程(试行)[Z].北京:国家林业局:1-28.

黄鹄,胡自宁,陈新庚,等.2006.基于遥感和GIS相结合的广西海岸线时空变化特征分析[J].热带海
　洋学报,25(1):66-70.

韩恒悦,米丰收,刘海云.2001.渭河盆地带地貌结构与新构造运动[J].地震研究,24(3):251-2571.

黄鹄,胡自宁,陈新庚,等.2006.基于遥感和GIS相结合的广西海岸线时空变化特征分析[J].热带海
　洋学报,25(1):66-70.

黄鹄,陈锦辉,胡自宁.2007.近50年来广西海岸滩涂变化特征分析[J].海洋科学,31(1):37-42.

姜玲玲,熊德琪,张新宇,等.2008.大连滨海湿地景观格局变化及其驱动机制[J].吉林大学学报:地球
　科学版,38(4):670-675.

姜义,李建芬,康慧,等.2003.渤海湾西岸近百年来海岸线变迁遥感分析[J].国土资源遥感,58(4):54
　-58.

兰竹虹,陈桂珠.2007.南中国海地区红树林的利用和保护[J].海洋环境科学,26(4):355-359.

梁文,黎广钊.2002.涠洲岛珊瑚礁分布特征与环境保护的初步研究[J].环境科学研究,15(6):5-9.

梁文,黎广钊,范航清,等.2010a.广西涠洲岛珊瑚礁物种生物多样性研究[J].海洋通报,29(4):412
　-416.

梁文,黎广钊,范航清,等.2010b.广西涠洲岛造礁石珊瑚属种组成及其分布特征[J].广西科学,17
　(1):93-96.

梁文,胡自宁,黎广钊,等.2016.50年来北海市滨海湿地景观格局变化及其驱动机制[J].海洋科学,40
　(2):84-93.

李凤华,赖春苗.2007.广西沿海地区环境状况及其保护对策探讨[J].环境科学与管理,32(11):59-
　62,108.

李富荣,陈俊勤,陈沐荣,等.2007.互花米草防治研究进展[J].生态环境,16(6):1795-1800.

李京梅,孙晨,谢恩年.2012.围填海造地经济驱动因素的实证分析[J].中国渔业经济(6):61-68.

李婧,王爱军,李团结.2011.近20年来珠江三角洲滨海湿地景观的变化特征[J].海洋科学进展,29
　(2):170-178.

李静,张鹰.2012.基于遥感测量的海岸线变化与分析[J].河海大学学报:自然科学版,40(2):224
　-228.

李树华,黎广钊.1993.中国海湾志(广西海湾)[M].北京:海洋出版社.

李秀梅,袁承志,李月洋.2013.渤海湾海岸带遥感监测及时空变化[J].国土资源遥感,25(2):156

-163.

李学杰.2007. 应用遥感方法分析珠江口伶仃洋的海岸线变迁及其环境效应[J]. 地质通报,26(2):215
－222.

黎广钊,刘敬合,农华琼.1991. 广西铁山港海区表层沉积物与沉积相[J]. 沉积学报,9(2):78-85.

黎广钊,梁文,廖思明.1996. 广西沿海全新世以来气候变化[J]. 海洋地质与第四纪地质,16(3):49
－60.

黎广钊,刘敬合,方国祥.1994. 南流江三角洲沉积特征及其环境演变[J]. 广西科学,1(3):21-25.

黎广钊,梁文,刘敬合.2001. 钦州湾水下动力地貌特征[J]. 地理学与国土资源研究,17(4):70-75.

黎广钊,梁文,亓发庆.1999. 广西江平地区沙坝-潟湖沉积相序沉积环境演化过程[J]. 黄渤海海洋,17
(2):8-18.

林立,何东进,王韧,等.2012. 闽东滨海湿地景观分类体系与格局特征[J]. 西南林业大学学报,32
(2):62-68.

刘洪斌,孙丽.2008. 胶州湾围垦行为的博弈分析及保护对策研究[J]. 海洋开发与管理(6):80-87.

刘踊,马龙,李颖,等.2008. 海岸带生态系统及其主要研究内容[J]. 海洋环境科学,27(5):520-522.

刘伟,刘百桥.2008. 我国围填海现状、问题及调控对策[J]. 广东环境科学,23(2):26-30.

刘鑫.2012. 应用遥感方法的广西铁山港区海岸线变迁分析[J]. 地理空间信息,10(1):102-106.

陆健健.1996. 中国滨海湿地的分类[J]. 环境导报,1(1):1-2.

孟祥江,朱小龙,彭在清,等.2012. 广西滨海湿地生态系统服务价值评价与分析[J]. 福建林学院学报,
32(2):156-162.

母亭,侯西勇.2016. 国内外海岸线变化研究综述[J]. 生态学报,2016,36(4):1170-1182.

莫永杰,廖思明,葛文标,等.1995. 现代海平面上升对广西沿海影响的初步分析[J]. 广西科学,2(1):
38-41,62.

庞衍军,叶维强,黎广钊.1987. 广西新构造运动的一些特征[J]. 广西地质,6(1):49-56.

彭在清,孟祥江,吴良患,等.2012. 广西北海市滨海湿地生态系统服务价值评价[J]. 安徽农业科学,
40(9):5507-5511.

钱翌.2001. 生态人侵的危害及防范对策[J]. 新疆农业大学学报(4):64-66.

亓发庆,黎广钊,孙永福,等.2003. 北部湾涠洲岛地貌的基本特征[J]. 海洋科学进展,21(1):41-50.

邱若峰,杨燕雄,刘松涛,等.2006. 唐山市滨海湿地动态演变特征及其机制分析[J]. 海洋湖沼通报
(4):25-31.

全国人民代表大会常务委员会.1982. 中华人民共和国海洋环境保护法(1982年)[EB/OL]. [2013-04
-07]. http://www.lawyee.net/Act/Act Display.asp? Channel ID=1010100&ItemID=0&RID=28245.

任玉环,刘亚岚,许华,等.2011. 基于环境一号小卫星CCD图像的滨海湿地监测研究[J]. 遥感信息
(3):27-32,37.

孙才志,李明昱.2010. 辽宁省海岸线时空变化及驱动因素分析[J]. 地理与地理信息科学,26(3):
63-67.

孙杰,詹文欣,姚衍桃,等.2015. 广东海岸侵蚀现状及其影响因素[J]. 海洋学报,37(7):142-152.

舒廷飞,罗琳,温琰茂.2002. 海水养殖对近岸生态环境的影响[J]. 海洋环境科学,21(2):74-80.

索安宁,赵冬至,张丰收.2010. 我国北方河口湿地植被储碳、固碳功能研究:以辽河三角洲盘锦地区为

例[J]. 海洋学研究,28(3):67-71.

唐永彬. 2013. 北海市红树林管理现状及对策[EB/OL]. [2013-12-17]. http://www. forestry. gov. cn/portal/main/s/144/content-82470. html.

陶明刚. 2006. Landsat-TM 遥感影像岸线变迁解译研究——以九龙江河口地区为例[J]. 水文地质工程地质(1):107-110.

王夫强,柯长青. 2008. 盐城海岸带湿地景观格局变化研究[J]. 海洋湖沼通报(4):7-12.

王金华,董玉祥. 2015. 1958-3013 年华南海岸沙地利用变化及其驱动因素——以福建海岸为例[J]. 中国沙漠,35(3):582-591.

王伟伟,王鹏,郑倩,等. 2010. 辽宁省围填海海洋开发活动对海岸带生态环境的影响[J]. 海洋环境科学,29(6):927-929.

王文海,吴桑云. 1994. 山东省 9216 号强热带气旋风暴期间的海岸侵蚀灾害[J]. 海洋地质与第四纪地质,14(2):71-78.

王志明,李秉柏,严海兵,等. 2011. 近 20 年江苏省海岸线和滩涂面积变化的遥感监测[J]. 江苏农业科学, 39(6):555-557.

王琳,徐涵秋,李胜. 2005. 厦门岛及其邻域海岸线变化的遥感动态监测[J]. 遥感技术与应用,20(4):404-410.

王国忠,全松青,吕炳全. 1991. 南海涠洲岛现代沉积环境和沉积作用演化[J]. 海洋地质与第四纪地质, 11(1):69-82.

王国忠. 2001. 南海珊瑚礁区沉积学[M]. 北京:海洋出版社.

王升忠. 2007. 陆地地貌的空间尺度与格局[J]. 地理教学(2):4-61.

吴黎黎,李树华. 2010. 广西滨海湿地生态系统的恢复与保护措施[J]. 广西科学院学报, 26(1):62-66.

吴瑞贞,蔡伟叙,邱弋冰,等. 2007. 填海造地开发区环境影响评价问题的探讨[J]. 海洋开发与管理(5):62-66.

夏东兴,等. 2009. 海岸带地貌环境及其演化[M]. 北京:海洋出版社.

夏真,陈太浩,赵庆献. 2000. 多时相卫星遥感海岸线变迁研究——以大亚湾地区为例[J]. 南海地质研究(12):102-108.

肖汝琴,丁娟,舒培. 2014. 围填海工程的影响、原因及对策[J]. 经济研究导刊,2014(30):54-55.

许国辉,郑建国. 2001. 砂质海岸与淤泥质平原海岸的生态型保护研究[J]. 地学前缘,8(2):20.

徐国琼,欧芳兰. 2007. 南流江泥沙运动规律及其与人类活动的关联[C]//陈五一,何根寿,朱鉴远. 中国水力发电工程学会水文泥沙专业委员会第七届学术讨论会论文集(上册). 成都:四川科学技术出版社:69-75.

徐咏飞,邹欣庆,左平. 2009. 以互花米草为例讨论海洋物种入侵对海岸海洋环境的影响[J]. 河南科学,27(5):609-612.

许显倩. 2004. 拯救红树林——广西山口红树林病虫害防治始末[J]. 南方国土资源,6:12-13.

杨金中,李志中,赵玉灵. 2002. 杭州湾南北两岸岸线变迁遥感动态调查[J]. 国土资源遥感(1):23-28.

杨学祥,杨冬红. 2013. 全球气温呈波动下降趋势:2007 年不是最暖年[EB/OL]. [2013-12-17]. http://guancha. gmw. cn/content/2007-12/07/content_707091. htm.

叶维强,黎广钊,李乃芳. 1988. 北部湾涠洲岛珊瑚礁海岸及其第四纪沉积特征[J]. 海洋科学(6):13

－17.

于君宝,韩广轩,王雪宏,等.2011.黄河三角洲自然湿地动态演变及其驱动因子[J].生态学杂志,30(7):1535－1541.

张华,苗苗,孙才志,2007.辽宁省滨海湿地资源类型及景观格局分析[J].资源科学,29(3):139－146.

张振克.1995.人类活动对烟台附近海岸地貌演变的影响[J].海洋科学(3):59－62.

张明慧,陈昌平,索安宁,等.2012.围填海的海洋环境影响国内外研究进展[J].生态环境学报,21(8):1509－1513.

张秀玲.2007.米草属引入中国海岸带的利弊分析[J].生态学杂志,26(11):1878－1883.

张绪良,张朝晖,徐宗军,等.2012.胶州湾滨海湿地的景观格局变化及环境效应[J].地质论评,58(1):190－200.

张永战,朱大奎.1979.海岸带——全球变化研究的关键地区[J].海洋通报(3):69－80.

张征云,李小宁,孙贻超,等.2004.我国海岸滩涂引入大米草的利弊分析[J].农业环境与发展,21(1):22－25.

赵宗泽,刘荣杰,马毅,等.2013.近30年来湄州湾海岸线变迁遥感监测与分析[J].海岸工程,32(1):19－27.

《中国海域海岛标准名录(广西分册)》编制委员会.2013.中国海域海岛标准名录(广西分册)[R].

周雄.2011.北海市海平面变化及其对沿岸的影响[D].青岛:中国海洋大学.

朱俊凤,王耿明,张金兰,等.2013.珠江三角洲海岸线遥感调查和近期演变分析[J].国土资源遥感,25(3):130－137.

祝效程,陈明剑,郑白燕,等.1996.广西海岛志[M].南宁:广西科学技术出版社.

庄振业,刘冬雁,刘承德,等.2008.海岸带调查与制图[J].海岸地质动态,2008,24(9):25－32.

左平,李云,赵书河,等.2012.1976年以来江苏盐城滨海湿地景观变化及驱动力分析[J].海洋学报,34(1):101－108.

Basco D R. 1996. Erosion of beaches on St. Martin Island during hurricanes Luis and Marilyn,September 1995[J]. Shore & Beach, 64(4):15－20.

Hampton M A, Dingler J R, Sallenmer A H,et al. 1999. Storm－related change of the northern San Mateo County Coast, California[C]. Coastal Sediments ' 99:Proceedings of the 4th International Symposium on Coastal Engineering and Science of Coastal Sediment Processes. Hauppauge:American Society of Civil Engineers:1311－1323.

Heuvel T, Hillen R H. 1995. Coastline management with GIS in the Netherlands[J]. Advance in Remote Sensing, 4(1):27－34.

Klemas V. 2011. Remote sensing of wetlands:case studies comparing practical techniques[J]. Journal of Coastal Research, 27(3):418－427.

Kondo T. 1995. Technological advances in Japan coastal development－land reclamation and artificial islands[J]. Marine Technology Society Journal,29(3):42－49.

Peduzzi P,Chatenoux B,De Bono A,et al. 2012. Global trends in tropical clclone risk[J]. Nature Climate Change,2(4):289－294.

Peng B R, Hong H S, Hong J M, et al. 2005. Ecological damageappraisal of sea reclamation and its application to the establishment of usage charge standard for filled seas: Case study of Xiamen, China[J]. Environmental Informatics, Proceedings:153-165.

Peng Zaiqing, Meng Xiangjiang, Wu Lianghuan, et al. 2012. Evaluation on service value of coastal wetland e-cosystem in Beihai City of Guangxi[J]. Journal of Anhui Agricultural Science, 40(9):5507-5511.

Petrosyan A F, Karathanassi V. 2011. Review article of landscape metrics based on remote sensing data[J]. Journal of Environmental Science and Engineering(5):1542-1560.

Valitela I, Bowen J L, Yoek J K. 2001. Mangrove forest: one of the world's threatened major tropical environ-ments[J]. BioScience,51(10): 807-815.

Woodruff J D, Irish J L, Camargo S J. 2013. Coastal flooding by tropical cyelones and sea-level rise[J]. Natrue,504(7478):44-52.

Zhang J, Yang S L, Xu Z L, et al. 2006. Impact of human activities on thehealth of ecosystems in the Changjiang Delta region[M]//Wolanski E. The Environment in Asia Pacific Harbours. Netherland: Springer Press: 93-111.